国家自然科学基金项目（42372108）资助
中国地质调查局东北地质科技创新中心区创基金项目（QCJJ2023-20）资助
黑龙江省地质矿产局科研项目（HKY202301）资助
辽宁工程技术大学学科创新团队资助项目（LNTU20TD-14）资助

黑龙江多宝山-大新屯铜金矿整装勘查区专项填图与技术应用

赵忠海　刘旭光　吕军　著

中国矿业大学出版社

·徐州·

内 容 提 要

本书以斑岩型和浅成低温热液型铜金矿为研究重点,在多宝山-大新屯整装勘查区主要对成矿地质体、成矿构造及成矿结构面、成矿作用特征标志等进行分析研究,建立了铜山铜矿、争光金矿、永新金矿和三道湾子金矿"三位一体"找矿预测地质模型,并结合大比例尺专项地质填图及物化探工作开展找矿预测和潜力分析,为勘查工程布置提供了合理化建议,从而强化了成果应用。

本书可供地矿勘查专业的科研和生产技术人员阅读参考。

图书在版编目(CIP)数据

黑龙江多宝山-大新屯铜金矿整装勘查区专项填图与
技术应用/赵忠海,刘旭光,吕军著. —徐州:中国
矿业大学出版社,2024.4
  ISBN 978 - 7 - 5646 - 6249 - 3

Ⅰ. ①黑… Ⅱ. ①赵… ②刘… ③吕… Ⅲ. ①金矿资
源—地质勘探—研究—嫩江市 Ⅳ. ①P618.510.8

中国国家版本馆 CIP 数据核字(2024)第 093195 号

书　　名	**黑龙江多宝山-大新屯铜金矿整装勘查区专项填图与技术应用**
著　　者	赵忠海　刘旭光　吕　军
责任编辑	路　露
出版发行	中国矿业大学出版社有限责任公司
	(江苏省徐州市解放南路　邮编 221008)
营销热线	(0516)83885370　83884103
出版服务	(0516)83995789　83884920
网　　址	http://www.cumtp.com　E-mail:cumtpvip@cumtp.com
印　　刷	江苏淮阴新华印务有限公司
开　　本	787 mm×1092 mm　1/16　印张 8.5　字数 217 千字
版次印次	2024 年 4 月第 1 版　2024 年 4 月第 1 次印刷
定　　价	45.00 元

(图书出现印装质量问题,本社负责调换)

前　　言

为切实提高我国矿产资源保障能力,构建适应社会主义市场经济体制的地质找矿新机制,努力实现地质找矿重大突破,原国土资源部从 2011 年起,组织实施全国地质找矿突破战略行动。根据找矿突破战略行动总体部署,原国土资源部先后设立了首批 47 片、第二批 31 片和第三批 31 片找矿突破战略行动整装勘查区名单及范围,其中黑龙江多宝山-大新屯铜金矿整装勘查区入选首批国家级整装勘查区名单。

本书依托自然资源部中国地质调查局发展研究中心下达的科研项目"黑龙江多宝山-大新屯铜金矿整装勘查区专项填图与技术应用示范"(项目编号:12120114028101),以斑岩型、浅成低温热液型铜金矿为重点,采用"三位一体"找矿预测地质模型,主要以"成矿地质体-成矿构造与成矿结构面-成矿作用特征标志"的勘查区找矿预测理论为指导,选择整装勘查区内的铜山铜矿、争光金矿、永新金矿和三道湾子金矿为重点工作区,研究成矿作用特征、控矿条件、成矿规律和找矿标志等,建立找矿模型,在矿区深部及外围开展综合信息找矿预测研究,提出找矿预测区,同时开展 1:1 万构造和蚀变专项填图、大比例尺化探、基础系列编图及数据库建设和整装勘查区跟踪评价等工作。通过多宝山-大新屯铜金矿整装勘查区基础地质研究和专项填图与技术应用示范研究,大致查明整装勘查区地质背景、物化探异常特征、成矿地质条件和成矿规律。通过对铜山铜矿、争光金矿、永新金矿和三道湾子金矿重点工作区的蚀变专项填图工作,总结了岩石蚀变组合及其空间分布特点、蚀变类型、蚀变范围和蚀变强度,划分蚀变分带,并与已知矿床做对比研究,总结蚀变与成矿规律。通过研究成矿地质体、成矿构造和成矿结构面、成矿作用特征标志等,建立了铜山铜矿、争光金矿、永新金矿和三道湾子金矿"三位一体"找矿预测地质模型,确定铜山铜矿成矿类型为斑岩型矿床,永新金矿和三道湾子金矿成矿类型为浅成低温热液型矿床,争光金矿成矿类型为中低温岩浆热液型矿床;并结合大比例尺专项地质填图及物化探等工作,开展了找矿预测研究,共圈定可供社会资金选择和进入的可直接部署探矿工程的靶区 11 处,预测铜资源量(334)30 万吨、金资源量(334)12 余吨,为后续商业性矿产勘查提供资料和信息服务,同时为黑龙江省自然资源厅在该整装勘查区的工作部署提供了理论依据。

本书研究成果为勘查区找矿预测理论及方法提供了有益启发,并在成矿预测理论与矿床勘查指导上具有一定的借鉴和参考价值。

著　者

2023 年 10 月

目　　录

第1章　区域成矿地质背景

研究区大地构造位置属于兴蒙造山带东段大兴安岭弧盆系(扎兰屯-多宝山岛弧带和小兴安岭-张广才岭岩浆弧松嫩地块的交汇部位),不同时代的构造叠加作用强烈。总体上处于有利成矿的盆-岭耦合部位的隆-拗叠加的构造环境。嫩江-黑河深断裂构造(韧性剪切带)纵贯全区。成矿带位于大兴安岭成矿带中的东乌珠穆沁-嫩江铜钼铅锌金钨锡铬成矿带的北段,是我国著名的斑岩型铜金钼矿和浅成低温热液型金银成矿区,成矿环境优越、成矿作用强烈、成矿潜力巨大。

目前该整装勘查区已发现嫩江县多宝山铜矿、嫩江县铜山铜矿大型斑岩型铜矿床2处,黑河市争光岩金矿、黑河市三道湾子岩金矿、黑河市上马场岩金矿、嫩江市永新金矿大中型金矿床4处,北大沟金矿等中小型金矿床(点)多处,查明资源储量占黑龙江省现有铜资源储量90%以上、金资源储量30%左右。

1.1　区 域 地 层

多宝山-大新屯铜金矿整装勘查区出露地层发育(表1-1),主要有以下地层:

① 新元古界-中元古界

兴华渡口岩群($Pt_{2-3}xh$)是这一界限地层。

② 古生界

奥陶系下-中统铜山组($O_{1-2}t$)、奥陶系下-中统多宝山组($O_{1-2}d$)、奥陶系上统裸河组(O_3l)和爱辉组(O_3ah);志留系下统黄花沟组(S_1h)、志留系中统八十里小河组(S_2b)、志留系上统卧都河组(S_3w)、志留系上统-泥盆系中统泥鳅河组(S_4D_2n);泥盆系中统腰桑南组(D_2y),泥盆系中-上统根里河组($D_{2-3}g$),泥盆系上统小河里河组(D_3x);石炭系下统洪湖吐河组(C_1hn),石炭系下统新生组(C_1x),花达气组(C_1h),石炭系下统查尔格拉河组(C_1c)、石炭系上统花朵山组(C_2h);二叠系下统大石寨组(P_1d)、中统哲斯组(P_2z)、中统五道岭组(P_2w)、二叠系上统林西组(T_1l)。

③ 中生界

三叠系下统老龙头组(T_1l);侏罗系中统七林河组(J_2q);白垩系下统龙江组(K_1l)、光华组(K_1gn)、九峰山组(K_1j)、甘河组(K_1g)和西岗子组(K_1x),白垩系上统嫩江组(K_2n)。

④ 新生界

新近系孙吴组($N_{1-2}s$);第四系中更新统白土山组(Qp^2b)、上荒山组(Qp^2s),第四系上更新统哈尔滨组(Qp^3h)、顾乡屯组(Qp^3g),第四系全新统高河漫滩堆积层(Qh^1)、现代冲洪积层(Qh^2)。

表 1-1 研究区地层简表

年代地层单位			大兴安岭	小兴安岭-松嫩地层区
界	系	统	多宝山	龙江-塔溪
新生界	第四系	全新统	Qh^2现代冲洪积层	
			Qh^1高河漫滩堆积层	
		上更新统	顾乡屯组	
			哈尔滨组	
		中更新统	上荒山组	
			白土山组	
	新近系		孙吴组	
中生界	白垩系	上统		嫩江组
		下统	孤山镇组/西岗子组	
			甘河组	
			九峰山组	
			光华组	
			龙江组	
	侏罗系	中统	七林河组	
	三叠系	下统	老龙头组	
古生界	二叠系	上统		林西组
		中统		五道岭组
				哲斯组
		下统		大石寨组
	石炭系	上统	花朵山组	花朵山组
		下统	查尔格拉河组	科洛杂岩
				新生组
			花达气组	洪湖吐河
	泥盆系	上统	小河里河组	
			根里河组	
		中统	腰桑南组	
		下统	泥鳅河组	
	志留系	S4		
		S3	卧都河组	
		S2	八十里小河组	
		S1	黄花沟组	
	奥陶系	上统	爱辉组	
			裸河组	
		中统	多宝山组/铜山组	
		下统		
新元古界-中元古界			兴华渡口岩群	

1.1.1 新元古界-中元古界

新元古界-中元古界兴华渡口岩群($Pt_{2-3}xh$)。该地层主要分布在测区北西嘎拉山林场、新立屯,在其他地区有零星出露。该地层主要岩性为一套遭受中级变质作用而形成的黑云斜长变粒岩、黑云角闪斜长片岩、含十字石二云石英片岩、片麻岩、斜长角闪岩等,岩石变质变形较强,构成区内古老的结晶基底,控制厚度大于1 352.09 m。兴华渡口岩群原划为古元古界,根据近期高精度测年资料,将上述地层时代置于中-新元古代。

1.1.2 古生界

古生界在区内比较发育,主要由奥陶-泥盆纪弧前盆地、火山岛弧和弧后盆地沉积建造与石炭-二叠纪陆相河湖相盆地沉积建造组成,现分述如下:

(1)奥陶系下-中统铜山组($O_{1-2}t$)

该组分布在研究区北部及东部,主要集中在嘎拉山林场、大新屯-宽河及洪业家地区。岩石组合主要为二云石英片岩、白云母石英片岩、黑云石英片岩、黑云斜长变粒岩绢云千枚岩、变质含砾长石岩屑杂砂岩以及片理化变质英安岩、长英角岩等,见有较强的硅化蚀变,并伴有金、钼、铜矿化。原岩为大陆边缘活动带环境下形成的一套滨浅海相火山碎屑-沉积建造。上部火山岩为一套变质的中基性-中酸性火山碎屑岩及其熔岩,变质程度可达绿片岩相。

(2)奥陶系下-中统多宝山组($O_{1-2}d$)

该组在区域上分布在嫩江县多宝山、黑河罕达汽等地区,整合覆盖于铜山组之上,主要呈北东东向分布于中南部(科洛河-霍龙门一带),罕达汽、大河里河源头、猪肚子河上游、桦树排子等地、长胜屯西,在小黑山东北也有零星出露,岩性组合主要为中性、中酸性火山岩,主要包括灰绿色英安岩、安山质熔岩、火山角砾岩、凝灰岩及沉凝灰岩等。下部为灰绿色安山质-英安质火山角砾岩、熔岩及凝灰岩夹结晶灰岩透镜体,顶部为沉凝灰岩,其中灰岩产腕足类和三叶虫化石;中部以灰绿色安山岩、火山角砾岩、安山质凝灰岩为主;上部为灰绿色至灰白色英安岩、英安质火山角砾岩、凝灰岩、含集块角砾熔岩。沉积的泥岩及灰岩是形成于盆地、火山弧间或浅海水下的产物。该组见有较强的硅化、钾化、黄铁绢云英岩化蚀变,并伴有钼、铜、金矿化。多宝山组($O_{1-2}d$)系多宝山铜矿成矿围岩,钼、铜、金等元素含量高,提供了充足的成矿物质,具有矿源层的意义。

(3)奥陶系上统裸河组(O_3l)

该组呈北东东向与多宝山组相伴出露,分布于大河里河源头、猪肚子河上游、桦树排子等地,整合于多宝山组之上、爱辉组之下的正常碎屑岩组合。下部以凝灰砂岩、长石砂岩、含铁质砂岩为主,夹凝灰质生物灰岩、砂砾岩及砾岩。上部为钙质细砂粉砂岩、黄色硅化砂岩、灰绿色凝灰细砂岩,顶部为黄绿色粉砂岩,底部以杂色砾岩与多宝山组分界。本组含有三叶虫化石,厚度384~1 134 m。砂岩中具平行层理,粉砂岩及泥岩具水平层理或纹理。从该组的岩石组合、基本层序、沉积构造、生物化石特征看,它代表了海水侵入的一种浅海的海进环境,属于陆缘碎屑浅海陆架沙坡和陆架砂脊-陆架泥亚相古地理环境,即属于多宝山弧后盆地远弧带大地构造环境。

(4)奥陶系上统爱辉组(O_3ah)

该组出露于卧都河南、裸河两岸至纳金口子一带,主要分布在大河里河源头、猪肚子河上游、桦树排子等地,呈NE向延展,整合于裸河组之上、黄花沟组之下。下部为黄绿色、褐黄色变质粉砂岩与黑色板岩互层,构成微层状构造,产笔石化石;上部为灰黑色板岩及黄白色粉砂岩互层,构成微层状构造。该组与下伏裸河组以灰黑色板岩为底界,其上与黄花沟组以黑色板岩消失为顶界,本组厚度为 $200 \sim 500$ m 之间。总体上的基本层序是向上由粉砂岩向泥岩渐变,为向上变细的基本层序,这种基本层序代表了海水侵入的浅海水沉积环境,为一种水动力条件较为平稳的浅海水环境。其中粉砂岩及泥岩具水平层理或水平纹理,是水动力条件相对稳定的沉积构造。

黑龙江省奥陶系比较发育,以活动陆缘沉积为主,奥陶系古生物资料和同位素年龄资料比较丰富,含有早-中-晚奥陶世腕足、三叶虫、笔石化石组合。

(5)志留系下统黄花沟组(S_1h)

该组在区内主要分布于罕达汽、猪肚子河、乌里亚、古兰河等地,呈 NE 向延展,岩性主要为浅灰绿色粉砂岩夹石英砂岩薄层,产腕足化石,厚度 1 091.31 m。岩石自下而上由细变粗,下部为灰黄绿色至灰黑色板岩夹黄色板岩,中部为细砂粉砂岩与板岩互层;上部为灰绿色、黄绿色粉砂质板岩夹粉砂岩,中上部产腕足化石。区域上整合覆盖于裸河组之上,与下伏爱辉组亦为整合接触。该组地层主要以粉砂岩,局部变质粉砂岩、泥质板岩为主。含有腕足化石,同时还有竹节石、海百合茎化石。从基本层序沉积特征看,为向上变细呈韵律型的沉积,反映的沉积环境为较深水的稳定环境。

(6)志留系中统八十里小河组(S_2b)

该组主要分布在罕达汽、猪肚子河、乌里亚、古兰河等地,呈 NE 向延展。整合于黄花沟组之上、卧都河组之下,岩性为灰紫色至灰绿色凝灰砂岩、杂砂岩、石英砂岩、粉砂岩及灰绿色至灰紫色凝灰岩,砂岩中含腕足动物化石。基本层序上,底部为泥岩,向上过渡为粉砂岩、细砂岩及中砂岩,以砂岩沉积为主,表现为向上变粗的沉积特征。其中泥岩及粉砂岩具水平层理或水平纹理,表现为水动力条件相对稳定的沉积环境;细砂岩及中砂岩具平行层理、斜层理,表现为水动力条件相对较强的沉积环境,为海水后退的沉积特征。

(7)志留系上统卧都河组(S_3w)

该组主要分布在罕达汽、猪肚子河、乌里亚、古兰河、三卡等地,整合于八十里小河之上,泥鳅河之下的砂岩、板岩互层组合,呈 NE 向延展。下部为灰绿色粉砂质板岩、粉砂岩、凝灰质板岩,上部为黄色细粒中细粒石英砂岩,黄绿色粉砂质板岩夹薄层砂砾岩建造,基本层序表现为向上变粗的沉积特征。其中粉砂岩具水平层理,细砂岩及中砂岩具平行层理及块状层理,代表水动力条件相对较弱的沉积环境,整体上表现为海水后退的沉积层序。

(8)志留系上统-泥盆系中统泥鳅河组(S_4-D_2n)

该组主要分布在罕达汽、猪肚子河、乌里亚、古兰河等地,呈 NE 向延展,为一套粉砂岩、砂岩、凝灰砂岩、板岩夹火山岩及大理岩组合,产腕足类、珊瑚化石。其中金水地区厚度为 1 600 m,古兰河厚度为 1 300 m。泥鳅河组为浅海相碎屑岩夹碳酸岩薄层,局部发育有火山岩。碎屑岩主要为粉砂岩、板岩、细砂岩及灰岩夹层。局部的火山岩主要为中酸性的英安岩、安山岩。其底部为细砂岩,向上渐变为粉砂岩及泥岩,构成向上变细的基本层序;其中细砂岩具平行层理,粉砂岩及泥岩具水平层理或水平纹理;这代表了水动力条件相对稳定时期海侵沉积层序。泥鳅河组为海水侵入时期的沉积产物,代表了浅海的沉积环境特征。

(9)泥盆系中统腰桑南组(D_2y)

该组主要分布在罕达汽西南,呈 NE 向延展,为板岩及凝灰岩组合,出露厚度 650 m;在窝里河厚度为 1 733 m。岩性为灰紫色至灰绿色杂砂岩、凝灰砂岩、板岩夹灰岩透镜体,含珊瑚、三叶虫等化石。其与泥鳅河上部为同时异相,顶底界不清。本组岩石为杂色砂岩及板岩组合,下部以粗砂岩夹板岩为主,上部出现中细砂岩及粉砂岩,表现为向上变细的沉积层序特征。砂岩具平行层理、斜层理,粉砂岩具水平层理或水平纹理;这表现为水动力条件较为动荡时期的海水侵入的沉积层序。岩石中夹有灰岩夹层,说明其沉积为浅海的沉积环境。该组中含有珊瑚、三叶虫等化石,代表浅海沉积环境的化石组合特征。

(10) 泥盆系中-上统根里河组($D_{2\text{-}3}g$)

该组出露在大河里河、小河里河、桦树排子、北大沟一带。区域上整合于泥鳅河组之上,整合于小河里河组之下,岩性为黑灰色杂砂岩、杂砂质砂岩、长石砂岩、绿泥板岩、凝灰砂岩及凝灰岩。本组基本层序底部为细砂岩,向上为粉砂岩及泥岩,反映出向上变细的沉积特征,表现为一个海水侵入的沉积层序。细砂岩中见有平行层理,粉砂岩及泥岩中见水平层理或水平纹理,为海进条件下的浅海的沉积环境。上部粉砂岩及板岩中含有大量的动物化石,以腕足类为主,代表浅海环境的生物化石组合。

(11) 泥盆系上统小河里河组(D_3x)

该组分布于查尔格拉河、小河里河一带,与下伏根里河组为整合接触,被花达气组整合覆盖。本组岩性由一套黄绿色至黄褐色杂砂岩、砂砾岩、灰黑色板岩组成,特征较明显,下部为砾岩,上部为板岩,两者均具波状或水平层理。基本层序底部为灰岩、泥岩,向上变为粉砂岩、砂岩及砂砾岩,反映出向上变粗的沉积层序特征,表现为海水后退的基本层序。

(12) 石炭系下统洪湖吐河组(C_1hn)

该组主要分布于洪湖吐河沿岸,下部以火山碎屑岩为主,上部为正常沉积岩与凝灰岩互层的一套地层,顶底界不清。该组厚度大于 1 809.05 m。沉积韵律自下而上由粗变细,下部以火山碎屑岩为主,夹层凝灰岩,层凝灰岩中产腕足类化石,上部以正常沉积碎屑岩与火山碎屑岩的交替出现为特征。在灰色层凝灰岩中产腕足化石类 *Fusella* 和 *Syringothyris*。沉积岩的基本层序反映出向上变粗的沉积特征,即底部为泥岩,向上渐变为粉砂岩、细砂岩,为一水退的沉积环境。该组以火山岩为主,为陆相火山盆地的淡水沉积环境。

(13) 石炭系下统新生组(C_1x)

该组分布于公别拉河、石碰子山一带,主要由中酸性火山岩夹碎屑岩组成;该组以火山岩为主,为陆相火山盆地的淡水沉积环境。

(14) 石炭系下统花达气组(C_1h)

该组主要分布于马鞍山、查尔格拉河、小河里河一带,由灰褐色砾岩、黑灰色凝灰砂岩夹板岩组成,产丰富的植物化石,厚度为 265.8 m。底以小河里河板岩为界,顶以查尔格拉河组砾岩为界,均为整合接触,旋回性明显,为砾岩、凝灰砂岩夹板岩组合,分布零星。基本层序表现为下部泥岩,向上变为粉砂岩、细砂岩及中砂岩,向上变粗的沉积特征。为一陆相淡水盆地水退的沉积层序。该组在岩石中含有大量的植物化石,为陆相湖盆沉积。

(15) 石炭系下统查尔格拉河组(C_1c)

该组主要分布于马鞍山、查尔格拉河、小河里河一带,为砾岩-砂板岩组合;是整合于花达气组凝灰砂岩之上,下部以黄褐色砾岩为主,中上部为黑色粉砂泥质板岩与杂砂岩互层,具波状及水平层理,产植物化石碎片的一套地层,顶界不清,最厚可达 1 330 m。其基本层序为底部砂岩沉积,向上变为粗砂岩、中砂岩、细砂岩、粉砂岩及泥岩,反映出向上变细的基本层序,代表了湖水侵入的沉积特征。砂岩具平行层理,粉砂岩及泥岩具水平层理或水平纹理。该组中含有大量的植物化石碎片,为陆相火山盆地淡水环境下沉积的产物。

（16）石炭系上统花朵山组（C_2h）

该组主要分布于秀水河-石砬子山-五马子山、罕达汽-五道沟-三道弯子-张地营子一带,马鞍山北也有零星分布,为一套陆相中酸性火山熔岩、火山碎屑岩和正常沉积的碎屑岩,岩性间相互同时异相,交互出现,产植物化石 *Noeggerathiosis* sp.。该组岩性以中酸性及酸性火山岩为主,凝灰岩及中性火山岩不够发育,为一套以中酸性、酸性火山岩为主,夹少量中性火山岩及正常沉积碎屑岩的陆相火山-沉积建造。沉积岩的基本层序为湖水退后的沉积层序,底部为粉砂岩,向上渐变为细砂岩、中砂岩、粗砂岩及砾岩,反映出向上变粗的沉积特征,为火山湖盆、湖水后退环境沉积的产物。

（17）二叠系下统大石寨组（P_1d）

该组出露于研究区南侧嫩北农场、新立屯北等地。本组根据岩石组合特征,可分为两部分。下部主体为一套中性火山岩组合,主要由变质中性火山岩、片理化蚀变安山玢岩及其凝灰岩和含砾中酸性凝灰岩组成,局部夹薄层绢云英片岩;上部主要由一套中酸性火山岩组成,主要岩性有灰至浅灰色片理化流纹质凝灰岩、含角砾凝灰岩、含角砾凝灰熔岩、流纹岩夹变质中酸性火山岩或黑灰色粉砂质板岩,板岩中产腕足类化石。这代表了一套海相沉积-火山岩建造,可能为古亚洲洋闭合之后,伸展更加强烈,从而形成的一套有强烈伸展背景的陆内裂陷海槽的一套火山-沉积地层组合。

（18）二叠系中统哲斯组（P_2z）

该组出露于研究区南侧嫩北农场、新立屯北等地,多与大石寨组相伴出露。其主要岩性有砾岩、黑色长石岩屑砂岩、钙质板岩、长石石英砂岩、碳质粉砂岩、粉砂岩、凝灰质粉砂岩、凝灰质千枚岩、含砂结晶灰岩及砾岩等。该组下部为一套细碎屑岩,整体上比较细,发育半旋回的韵律,可能反映了先期拼贴带基础上的强烈伸展背景,北部发育一套细碎屑岩-碳酸盐岩沉积组合,南部出现了一套较粗的碎屑岩沉积组合,含珊瑚、腕足、蜓化石组合。代表了整体伸展背景的是北部较强、南部相对较弱且其后期可能局部发生抬升隆起,出现了厚层的砾岩。

（19）二叠系中统五道岭组（P_2w）

该组出露较少,主要分布在三道湾子一带,陆相碎屑岩-安山岩-英安质火山岩建造,含晚二叠世植物化石组合。

（20）二叠系上统林西组（P_3l）

该组分布于秀水河、石砬子山一带。岩石由杂色泥质页岩或泥质板岩、粉砂岩、细砂粉砂岩、细砂岩、中细粒砂岩、中砂岩等组成,其中夹多层中、酸性火山岩。岩石普遍见有蚀变,该组厚度大于 610.38 m。本组沉积岩基本层序为向上变细的沉积层序,下部为中砂岩,向上渐变为细砂岩、粉砂岩及泥岩,代表了湖水侵入时沉积的层序;砂岩中以平行层理为主,粉砂岩及泥岩以水平层理及水平纹理为主。顶部以紫色层为上覆老龙头组的底界,二者为整合接触。该组为河-湖相碎屑沉积,含淡水双壳化石组合,为陆相淡水的沉积环境。

1.1.3 中生界

（1）三叠系下统老龙头组（T_1l）

该组分布在罕达汽镇东北七道沟一带,出露面积较小。主要为一套紫褐色细砾岩、中粗粒砂岩、粉砂岩、粉砂质泥岩夹浅紫色流纹质层状凝灰岩等,控制厚度为86.03 m。该组属杂色碎屑岩-火山岩建造,含淡水双壳化石组合,整体上比较细,发育半旋回的沉积韵律,可能反映了晚石炭世-中二叠世的伸展裂陷之后,构造体制发生了转变,由伸展变为挤压抬升隆起,发育了一套内陆湖相沉积,由于南侧隆起较大,局部湖相三角洲等亚相沉积可能较发育。

（2）侏罗系中统七林河组（J_2q）

该组分布于长胜屯、永胜地营子、七道沟一带,在七二七林场东、秀水河南岸、金水河南岸、大平林场和泡子沿地营子等地也有零星分布。上部以中性凝灰岩、中性熔岩为主夹细砂岩;下部以砂砾岩、砾岩、凝灰砂砾岩和含砾细砂岩为主夹中性凝灰岩,夹多层劣质煤线,产植物化石 *Coniopteris* cf. *burejensis*。岩层产状较缓,倾角多为30°～35°,剖面控制厚度810.60 m。该组为一套富含火山物质的陆源粗碎屑岩。

（3）白垩系下统龙江组（K_1l）

该组分布广泛,主要分布在古兰河、二道河子、法别拉河、达音河一带,其他地方零星出露,总体呈NE向展布,控制最大地层厚度1 225.44 m。主要岩性有安山岩、英安岩、玄武安山岩、安山玄武岩、集块岩、火山角砾岩、凝灰岩等。该组岩石类型较复杂,不同地区各岩层发育程度有明显差异。总体上,下部以玄武安山岩、安山玄武岩为主,次为安山岩,少量为玄武岩等;上部以安山岩、英安岩及其火山碎屑岩为主,也见少量粗安岩及其火山碎屑岩。该组见有较强的硅化、黄铁矿化蚀变,并伴有金矿化。

（4）白垩系下统光华组（K_1gn）

该组分布广泛,主要分布在托牛河、达音河、阿尔滨河、法别拉河一带,在大卧牛河、小卧牛河、二道河子上游、大克郎河上游,主要岩性有含角砾凝灰岩、火山角砾岩、集块岩、凝灰岩、流纹质熔结凝灰岩、流纹岩、英安岩、珍珠岩等,厚度为401.67 m。本组地层为一套以中心式火山爆发-喷溢为主的酸-中酸性火山熔岩及其火山碎屑岩,以酸性火山岩为主,由中酸性火山岩向酸性火山岩演化的趋势。本期火山活动是龙江期火山活动的继续和发展,火山岩相以爆发相、火山碎屑流相为主,溢流相次之,火山岩相还见有少量潜火山相和火山通道相等。

（5）白垩系下统九峰山组（K_1j）

该组出露较少,总体呈NE向分布在木耳汽煤矿、小卧牛河一带。岩石类型以砾岩、砂岩、粉砂岩、泥岩为主,少量粉砂质泥岩、泥质粉砂岩、凝灰质砂岩等,夹多层流纹质火山碎屑岩等,局部夹有劣煤层、煤层及煤线,含植物化石及碎片,为含煤碎屑岩-火山碎屑岩夹玄武岩组合,为一套火山活动间歇期陆相断陷盆地所形成的河流-沼泽相沉积岩,其层理、沉积韵律较发育,沉积厚度变化较大。

（6）白垩系下统甘河组（K_1g）

该组出露很少,零星分布于法别拉河入江口处、二道河子上游和达音山一带,总体呈NE向展布,岩层总体倾向SE东,倾角20°～60°。岩石类型有玄武岩、气孔状玄武岩、杏仁状玄武岩、致密块状安山玄武岩、安山岩等。其中玄武岩、气孔状玄武岩、杏仁状玄武岩、致密块状安山玄武岩,主要以溢流相产出,少量玄武岩以潜火山相产出,安山岩以潜火山相、火山通道相产出。本组为一套中性-基性火山岩建造,以基性为主,有由基性向中性演化的趋势,展布方向严格受燕山晚期断裂控制。为气孔杏仁状玄武岩、玄武安山岩建造,属于陆内火山盆地溢流亚相古地理环境。

(7) 白垩系下统西岗子组(K_1x)

该组在研究区内不发育,仅在核桃沟、神武山西一带有少量出露。大部分被孙吴组和第四系覆盖。为一套陆相含煤沉积建造。具有河、湖相碎屑岩沉积特征。岩石由砾岩、凝灰砾岩、砂岩、粉砂岩、泥岩、碳质泥岩及夹多层可采煤层组成,厚度 75.13～513.40 m。岩层呈 NE 向展布,倾向 SE,倾角 10°左右。西岗子组含煤碎屑岩组合,不整合于甘河组之上,含早白垩世晚期植物化石组合。

(8) 白垩系下统嫩江组(K_2n)

该组主要分布于山河农场一分场、三合屯西及福胜屯一带,角度不整合于下白垩统甘河组之上,由深灰色砂质泥岩、与灰至灰白色薄层状泥质粉砂岩互层组成,属于松嫩凹陷盆地北缘最大湖泛期沉积产物,不整合于成矿母岩之上,该地层富含蛋白石页岩。

1.1.3 新生界

本区新生界不发育,但在靠近黑龙江一带较为发育。

新近系孙吴组($N_{1-2}s$)分布在研究区东部,位于海拔 290 m 以上的山顶。其下部岩石组合为灰白至黄褐色砾岩、砂砾岩夹砂岩透镜体;上部为黄褐色砂岩(多呈透镜状),发育斜层理、槽状层理;顶部黏土与细砂岩互层。该组为半固结、松散状砂砾岩、砂岩、亚黏土及铁质胶结砂砾岩,为一套河流相沉积物。

(1) 第四系中更新统白土山组(Qp^2b)、上荒山组(Qp^2s)

该地层主要出露于法别拉河两岸、车地营子、八车力河等地,由一套成分复杂的含黏土较高的压实紧密的具有泥包砾结构的泥砾、黏土、含砾岩土等岩性组成。该组总厚度为3.6 m,上部未见顶。本组的岩性由含泥砂砾、含砂泥砾、含砾砂亚黏土等组成,砾石磨圆度好、分选差、无层理,砾石表面有泥膜。

(2) 第四系上更新统哈尔滨组(Qp^3h)

该组主要分布在嫩江流域河谷二级阶地、科洛河谷基座阶地等河谷二级阶地、山前台地和第四系玄武岩熔岩台地之上,呈现阶地地貌产出。岩层呈近水平状产出,岩石类型有褐黄至黄色黏土,含砂黏土,灰黄色黏土细砂,灰黄至黄色砂砾石。其沉积环境为河流相沉积,但垂向上不具典型河流沉积二元结构,下部河床相沉积不发育,上部的河漫滩沉积发育。

(3) 第四系上更新统顾乡屯组(Qp^3g)

该组主要分布在嫩江河谷、科洛河谷等河流及其支流箱型河谷一级阶地中,呈现阶地地貌产出,阶地基座基岩多高于河漫滩,并形成侵蚀陡坎,并有基岩出露成为基座阶地,仅局部阶地基座低于河漫滩。岩石类型有中细砂、黄土状黏土、亚黏土等。该组总厚度大于7.5 m,未见顶,下部与上更新统哈尔滨组(Qp^3h)整合接触,该套地层空间上位于河谷漫滩沉积之上,为冲积、冲洪积沉积产物。

(4) 第四系全新统高河漫滩堆积层(Qh^1)及现代冲洪积层(Qh^2)

该地层主要分布于水系主谷及支沟,属于河流相和河漫滩相沉积。高河漫滩堆积岩石组合为黄色-褐黄色-黑褐色砂、砂砾石、淤泥质粉砂质黏土、粉砂质黏土、黏土、碎石及卵石,低河漫滩堆积岩石组合为灰色-黄色-黑色砂、砂砾石、淤泥质粉砂质黏土、粉砂质黏土、黏土、碎石及卵石,属于陆内盆地河床-牛轭湖-河道间湿地(沼泽)亚相古地理环境。

1.2 区域侵入岩

兴蒙造山带东部为多期复合造山带,具有连续增生和多阶段演化的特征,构造-岩浆活动频繁,加里东期、华力西期、燕山早期均有不同规模的岩浆活动,其中燕山早-中期岩浆活动占主体地位。侵入岩分布广泛,出露面积约 4 542 km²,约占全区总面积的 43%,主要分布于大杨树盆地两侧和多宝山岛弧带两侧,基本上遍布全区。岩石类型复杂,从超基性到酸性岩均有出露,以中深成的花岗岩为主。区内侵入岩形成时代依次为中元古代、晚奥陶世、石炭纪、早二叠世、晚三叠世-中侏罗世、早白垩世(表 1-2)。由于研究区位于兴蒙造山带东段,侵入岩浆活动与多宝山岛弧活动及兴蒙造山带的多阶段演化有关,其具有造山带侵入岩成因复杂、来源多样的普遍特征。总的趋势是,随着时间的推移,母源物质沿幔源→壳幔混合源→壳源方向演化,岩浆沿基性超基性→中酸性→酸性方向演化。

中元古代侵入岩($Pt_2\gamma$)出露少,发生了变质作用,出露面积 43.97 km²。位于东南部新开岭构造-岩浆带上,五秀山东北 3 km 处,仅见 1 个侵入体,面积小。岩石类型单一,岩性为黑云母斜长片麻岩,原岩为石英二长岩。受后期多期构造运动影响,变质变形较强,岩石普遍具片麻理,属变质侵入体。本期黑云母斜长片麻岩属于高钾钙碱性花岗岩类,为过铝质的,具有 S型花岗岩特征。推测本期岩石为形成于兴华渡口岩群盆地沉积后的同碰撞造山花岗岩。

表 1-2 侵入岩划分一览表

时代	构造-岩浆组合	填图单位名称	代号	岩 性
早白垩世	碱长花岗岩	早白垩世碱长花岗岩	$K_1\kappa\gamma$	细中粒碱长花岗岩
	花岗闪长岩-二长花岗岩组合	早白垩世二长花岗岩	$K_1\eta\gamma$	细中粒二长花岗岩
		早白垩世花岗闪长岩	$K_1\gamma\delta$	细中粒花岗闪长岩
	石英(二长)闪长岩	早白垩世石英(二长)闪长岩	$K_1\delta o$	细中粒石英(二长)闪长岩
晚三叠世-中侏罗世	碱长花岗岩	晚三叠世-中侏罗世碱长花岗岩	$T_3\text{-}J_2\kappa\gamma$	中粒碱长花岗岩
	花岗闪长岩-二长花岗岩-白云母二长花岗岩组合	晚三叠世-中侏罗世白云母二长花岗岩	$T_3\text{-}J_2\eta\gamma^{Mu}$	粗中粒白云母二长花岗岩
		晚三叠世-中侏罗世二长花岗岩	$T_3\text{-}J_2\eta\gamma$	中粒二长花岗岩
		晚三叠世-中侏罗世花岗闪长岩	$T_3\text{-}J_2\gamma\delta$	中粒花岗闪长岩
	闪长岩-石英闪长岩组合	晚三叠世-中侏罗世石英闪长岩	$T_3\text{-}J_2\delta o$	中粒石英闪长岩
		晚三叠世-中侏罗世闪长岩	$T_3\text{-}J_2\delta$	中粒闪长岩
早二叠世	碱性花岗岩	早二叠世(碱性)碱长花岗岩	$P_1\kappa\gamma$	粗中粒(碱性)碱长花岗岩
石炭纪	构造-岩浆杂岩	石炭纪花岗质杂岩	$C\gamma$	糜棱岩化闪长岩、花岗闪长岩、(正)二长花岗岩,闪长质、花岗闪长质、(正)二长花岗质初糜棱岩和糜棱岩
晚奥陶世	变质侵入岩	晚奥陶世超基性岩	$O_3\Sigma$	蛇纹岩
中元古代	变质侵入岩	中元古代英云闪长岩	$Pt_2\gamma$	黑云母斜长片麻岩

晚奥陶世侵入岩浆活动较弱,为超基性岩($O_3\Sigma$),岩石蚀变为蛇纹岩,难以恢复原岩具体名称及类别,统称超基性岩。本期超基性岩零星分布,出露面积小,分布于测区南部七二七林场至二道河子道班之间,沿 NE 向展布;呈构造岩片状产出于石炭纪二长花岗岩岩片之上,与石炭纪二长花岗岩岩片为构造面接触。该期超基性岩属于碱性玄武岩系列,岩石产于洋中脊或大洋板内。本期超基性岩($O_3\Sigma$)可能形成于洋岛环境,岩浆起源于亏损型地幔,并且可能是经高度部分熔融后的残余亏损型地幔。

石炭纪侵入杂岩($C\gamma$)岩石类型复杂,有糜棱岩化闪长岩(闪长质初糜棱岩、闪长质糜棱岩)、糜棱岩化石英闪长岩(石英闪长质初糜棱岩、石英闪长质糜棱岩)、糜棱岩化花岗闪长岩(花岗闪长质初糜棱岩、花岗闪长质糜棱岩)、糜棱岩化英云闪长岩(英云闪长质初糜棱岩)、糜棱岩化二长花岗岩(二长花岗质初糜棱岩、二长花岗质糜棱岩)、糜棱岩化正长花岗岩(正长花岗质初糜棱岩、正长花岗质糜棱岩)。$C\gamma$ 出露于东南部多宝山岛弧南侧,位于金水—罕达汽—新开岭—桦树排子—纳金口子一线,主体长度约 60 km,宽 10 km,局部宽 30 km,总面积 818.70 km^2。本期侵入岩与古生代地层相邻,多被晚三叠世-中侏罗世花岗岩侵入。遭受了大规模的糜棱岩化作用,形成糜棱岩和初糜棱岩,局部可见超糜棱岩。原岩结构大都被破坏,仅局部保留原岩结构,原岩石类型主要为二长花岗岩、英云闪长岩,少量闪长岩、石英闪长岩、花岗闪长岩、正长花岗岩,强烈的构造作用而使侵入体产生明显的位移,与围岩呈断层接触,各侵入岩界面已被改造或置换,无法恢复原始产状,多数岩石已无法具体确定花岗岩的种类或不同种类的花岗岩分布变化较频繁,岩石以岩片形式存在于构造带内,本次研究将本期侵入岩划归花岗质构造-岩浆杂岩($C\gamma$)。本期表现为高钾钙碱性系列→钾玄岩系列连续演化的次铝质大陆碰撞花岗岩→后造山花岗岩,成因类型为 I 型和 A 型。岩浆形成于上地幔,同时有陆壳物质参与,指示其来源较为复杂。

早二叠世侵入岩只出露一种岩石类型,为(碱性)碱长花岗岩($P_1\kappa\gamma$),主要有碱长花岗岩、碱性花岗岩两类岩石;岩浆活动较弱,分布也较局限、零星,出露面积小,为361.66 km^2;呈 NE 向条带状分布,出露于多宝山岛弧带与新开岭构造-岩浆岩片带之间,位于多宝山岛弧带东南侧;有一个侵入体,分布于大黑山,大黑山侵入体位于新开岭构造-岩浆岩片带的边部,侵入体的边部局部糜棱岩化,并在局部受应力重结晶生成石英细粒集合体。本期碱长花岗岩属过碱性和碱性花岗岩类,属于造山后 A 型花岗岩,来源于大陆地壳或板下地壳,且与陆-陆碰撞或岛弧岩浆作用有关;形成于多宝山海盆闭合造山后的伸展环境,其标志着造山作用的结束。

研究区晚三叠世-中侏罗世岩浆侵入活动规模最大,分布面积最广,出露面积为 5 500.46 km^2;主要呈两条 NE 向带状分布,从西北至东南依次为:① 九道沟大山—台山—金冠山一线,② 公别拉山—锦河农场—上马厂。中性、酸性、酸碱性岩浆岩均有出露,岩石类型较复杂,受后期构造作用改造,局部为片麻状构造、甚至发生糜棱化作用。本次研究将晚三叠世-中侏罗世侵入岩划分为闪长岩(T_3-$J_2\delta$)-石英(二长)闪长岩(T_3-$J_2\delta o$)组合、花岗闪长岩(T_3-$J_2\gamma\delta$)-二长花岗岩(T_3-$J_2\eta\gamma$)-白云母二长花岗岩(T_3-$J_2\eta\gamma^{Mu}$)组合、碱长花岗岩(T_3-$J_2\kappa\gamma$)。本期侵入岩形成于板块碰撞前→碰撞后的抬升→同碰撞→造山后伸展的一个连续的构造过程,这与岛弧岩浆作用及陆-陆碰撞有关。该期侵入岩与铜钼矿化关系密切,在该侵入体中见铜钼矿化点。

早白垩世岩浆侵入活动规模较大,中性、酸性、酸碱性岩浆岩均有出露,岩石类型较复杂,可划分为石英(二长)闪长岩($K_1\delta o$)、花岗闪长岩($K_1\gamma\delta$)-二长花岗岩($K_1\eta\gamma$)组合、碱长花岗岩($K_1\kappa\gamma$)。本期侵入岩矿物粒度较为均匀,暗色矿物多于晚三叠世-中侏罗世侵入岩,未发生变质、变形作用;主要呈岩株、岩瘤和面积较小的圆状岩体串株状 NE 向线性带状分布于测区阿龙沟东山—新生—城中山—高山一带,独立山等地也有零星出露,面积 1 155.11 km^2。岩石类型为石英(二长)闪长岩→花岗岩闪长岩→二长花岗岩→碱长花岗岩。石英(二长)闪长岩、花岗岩闪长岩、二长花岗岩属于次铝质的高钾钙碱性花岗岩类,具有 I 型花岗岩特征。碱长花岗岩属于过碱性和碱性花岗岩类,具有 A 型花岗岩特征。早白垩世侵入岩构成一套较为完整的碰撞造山的岩石组合,先后为碰撞前至碰撞后抬升期石英(二长)闪长岩组合→碰撞后抬升期花岗岩闪长岩组合→同碰撞期二长花岗岩→造山后 A 型碱长花岗岩组合,其形成应与碰撞造山有关。本期侵入岩石组合可能形成于蒙古—鄂霍次克海、锡霍特海闭合造山作用背景。该期侵入岩与岩金矿关系密切。

区内脉岩均零星出露,面积极小。脉岩较为发育,从中基性到酸性皆有出露。但多为从属性脉岩,分别归属为不同期次花岗岩和火山岩,花岗岩中有花岗细晶岩脉(γ_ι)、伟晶岩脉(ρ),火山岩中有闪长玢岩脉($K_1\delta\mu$)、花岗斑岩脉($K_1\gamma\pi$)。区域性脉岩则较少,主要类型花岗斑岩脉($K_1\gamma\pi$)、辉长岩($K_1\upsilon$)等,上述脉岩一般充填于构造裂隙中,多呈 NE 向展布,形成时代多为早白垩世。

1.3 区域火山岩

测区内的火山活动较为频繁(表 1-3),分布较广,基本遍布全区,主要分布于多宝山岛弧带、张地营子一带。岩石类型复杂,既有古生代的奥陶纪多宝山期、中志留世八十里小河期、晚志留世-泥盆纪罕达汽期、晚二叠世花朵山期,中生代的早白垩世龙江-光华期和甘河期,又有新近纪西山玄武岩期;有基性至酸性火山岩,还有岛弧、海相、陆相、双峰式火山岩。古生代火山岩遭受不同程度的变质作用,火山机构不易恢复。中生代火山岩没有遭受变质作用和大规模的构造运动,其火山岩相及火山构造未受破坏。

古生代奥陶纪是多宝山海盆-岛弧活动的重要时期,多宝山海盆第一次发生了板片俯冲,形成强烈火山-岩浆作用,此期火成岩富含铜,为多宝山斑岩铜矿床提供了主要成矿物质。多宝山期火山活动以中、中酸性火山岩浆为主,规模较大,分布于罕达汽、五道沟一带。岩石类型较复杂,包括灰绿色片理化蚀变(变质)安山岩、(变质)英安岩、(变质)流纹岩以及(变质)安山质、英安质、流纹质凝灰岩,少量变质玄武岩。

研究区内火山活动频繁,主要在东部表现强烈,中生代火山机构较多。龙江期火山机构据岩性及出露特征可划分为空落相、喷溢相及火山通道相。空落相分布于火山裂隙的两侧,在该机构中呈对称分布,主要为火山角砾岩、安山质角砾岩及安山质角砾集块岩。喷嗌相分布于裂隙两侧,岩石为安山岩。火山通道相由安山质角砾集块岩充填。

火山活动热液携金及有用元素在原构造的交会处和燕山期形成的 NW 向破碎带中进一步富集,也是该区的主成矿期。区内的三道湾子岩金矿床、永新金矿床、洪业家岩金矿床、傲山岩金矿化点、西峰山岩金矿化点等金属矿床及矿化点的形成均为火山汽-液活动的结果。

表 1-3 测区火山活动旋回划分表

时代	火山活动旋回	火山喷发旋回	所属填图单位	岩　性	备　注
新近纪	西山玄武岩期	西山玄武岩期	西山玄武岩	气孔-杏仁状玄武岩、致密块状玄武岩	岩石未受构造改造和变质作用,火山机构保存完好
早白垩世晚期	甘河期	甘河期	甘河组	致密块状玄武岩、气孔状-杏仁状玄武岩、致密块状安山玄武岩、安山岩	
早白垩世早期	龙江-光华期	光华期	光华组	流纹岩、流纹质凝灰岩、英安岩、英安质凝灰岩	
		龙江期	龙江组	以安山岩、安山质凝灰岩、英安岩、英安质凝灰岩为主,少量玄武安山岩、安山玄武岩、粗安岩及其火山碎屑岩	
晚二叠世	花朵山期	花朵山期	花朵山组	(片理化)(变质)安山岩、安山质凝灰岩、英安岩、流纹岩、英安质凝灰岩、流纹质凝灰岩	发生了浅变质作用,变质程度更低,片理化发育,火山机构遭到破坏
晚志留世-泥盆纪	罕达汽期	罕达汽期	罕达汽火山岩、泥鳅河组、腰桑南组、根里河组	以细碧岩、角斑岩、石英角斑岩、安山岩为主,次为(变质)英安岩、流纹岩、安山质凝灰岩、英安质凝灰岩、流纹质凝灰岩	普遍发生了浅变质作用,火山机构遭到破坏
中志留世	八十里小河期	八十里小河期	八十里小河组	细碧岩、角斑岩、石英角斑岩、(变质)安山岩、安山质凝灰岩、英安质凝灰岩	仅在八十里小河组中局部分布,出露面积极小
奥陶纪	多宝山期	多宝山期	铜山组、多宝山组、裸河组	以(变质)安山岩、安山质凝灰岩为主,次为(变质)英安岩、流纹岩、英安质凝灰岩、流纹质凝灰岩、少量变质玄武岩	普遍发生了浅变质作用,火山机构遭到破坏

区内的火山构造和火山地层控制着区内的非金属矿产的形成,与中生代火山岩有关的黑河良种场农场北沟珍珠岩矿点、毛地营子后山珍珠岩矿点、牛牛河珍珠岩矿点、托牛河北东珍珠岩矿点、托牛河下游沸石矿点,主要分布于东部龙江组和光华组中。珍珠岩由火山作用时直接溢出地表的矿浆急速冷却形成,沸石矿化的形成由近地表的低温热液蚀变作用所致。

1.4　区域构造

参照黑龙江省大地构造单元划分表(表 1-4),研究区位于兴蒙造山带东段大兴安岭弧盆系(扎兰屯-多宝山岛弧带和小兴安岭岩-张广才岭岩浆弧松嫩地块的交会部位),不同时代的构造叠加作用强烈。

表 1-4　黑龙江省大地构造单元划分表

Ⅰ级	Ⅱ级	Ⅲ级
兴蒙造山系Ⅰ	大兴安岭弧盆系Ⅰ-2	扎兰屯-多宝山岛弧Ⅰ-2-2
		嫩江-黑河构造混杂岩Ⅰ-2-3
	小兴安岭-张广才岭岩浆弧Ⅰ-3	龙江-塔溪岩浆弧Ⅰ-3-1
		松嫩地块Ⅰ-3-2

　　研究区的地质历史始于中元古代,经历了中-新元古代活动陆缘阶段的发展演化,于新元古代末固结形成古陆,早寒武世多处形成陆表海,接受了盖层沉积。缺失中晚寒武世地质记录。晚寒武世末至早奥陶世初,联合古陆分解成地块与多岛洋两部分,在研究区的东部与西部形成了地块与弧盆系并存的构造格局。早石炭世至早三叠世,各构造单元自西向东依次碰撞拼合,于晚二叠世末至早三叠世形成了统一大陆。中三叠世至早白垩世,联合陆块处于滨太平洋陆缘活动带演化环境,叠加了滨(古)太平洋构造域造山裂谷系。在漫长的地质构造演化过程中,海陆变迁频繁,壳幔物质交换活跃,形成了复杂的大地构造相类型,包括离散环境、汇聚环境、碰撞环境和走滑拉分环境等多种大地构造相,嫩江-黑河推覆构造位于大兴安岭弧盆系与小兴安岭-张广才岭岩浆弧接触部位,总体走向北东向,其运动方向由北西向南东推覆,省内分布长度约 200 km,两侧较宽,在黑河市附近宽 25～35 km,在嫩江县附近宽 50～60 km,最窄处宽小于 20 km,呈纺锤形。沿新开岭断裂发育,主体位于该构造带南侧,北侧出露较少,在新开岭及嫩北农场地区呈北东向展布,在科洛地区呈南北及北东向展布,在太平北山及纳金口子地区转为东西向展布,至黑河市南转为北西向,倾向多为北西,局部为南东倾斜。该推覆构造带形成时间应在二叠纪,由北向南逆冲。该断裂控制了大兴安岭山地与松辽盆地的形成与发展。从遥感解译角度看,嫩江断裂具有分段性;从钻孔资料看,断裂两侧沉降幅度有明显差异;在重力场、磁场和地震测深资料中也有一定反映。刘永江等(2010)通过对嫩江构造带内各段出露的韧性剪切带进行野外构造要素的测量、对比研究,初步提出嫩江构造带经历左行走滑剪切阶段的认识。现有勘查成果证实,嫩江断裂的韧性剪切变形作用对区内蚀变岩型金矿床的形成与分布具有重要控制作用。

　　研究区特殊的构造位置促成了测区地质构造历史的复杂性及成矿作用的独特性。中-新元古代变质岩是测区最早的地质记录,它以复杂的变质变形历史和发育的韧性剪切带为主要特征;古生代脆性至韧性、韧性剪切带的碎裂岩比较发育,主要为北东向剪切带,其主要变形机制表现出由韧性向脆性过渡的趋势;中生代前早白垩世主要构造线方向为北东向,表现为北东向断裂带及受控制的多个断陷盆地(火山-沉积盆地);中生代早白垩世以发育大型的断陷盆地为特征,控制盆地的边界断裂主要为北东向,它继承和发展了前期构造,其次还有北西、东西和南北向断裂等;新构造以发育断块构造、火山构造、夷平面和河流阶地等为主要特征。

　　中生代以来脆性构造非常发育,以发育不同方向和期次的断裂与节理为特点。主要断裂构造为 NE 至 NNE 向,次为 NW 和近 SN 向。NW 向断裂总体表现较平直并有锯齿状特点,显示张(扭)性断裂构造形迹特征,地貌上多表现为较窄的"U"形和"V"形谷和山鞍,遥感影像图上多见有断层崖,大的断裂在航磁等值线平面图上具有明显的梯度带和串珠状异常特点,大小断裂基本上都切割了中生代及其以前的地质体,说明断裂的主要活动期为中生代,多切割 NE 向断裂。早白垩世断陷盆地和中基性火山岩主要沿 NNE、NW 向断裂展布,说明断裂活动期主要为早白垩世,它们是区内主要的导岩、控盆构造。与 NE 向断裂交会处发育有很多新生代基性至超基性火山岩,暗示该方向断裂具有多期次的活动特点。

进入晚白垩世,本区总体处于隆升构造环境,仅在中-上新世形成了局部坳陷,形成了由木耳气等孙吴河湖相砂砾岩组合构成的坳陷盆地构造。第四纪以来,本区主要体现为差异性升降活动,沉积相以河谷与山间洼地中支沟的坡残积与河流细谷型碎屑物的堆积为主。

1.5 区域地球物理特征

1.5.1 区域重力特征

从布格重力异常图上看(图 1-1),区内重力场比较复杂,具有以下特点:

(1)研究区西南部多宝山镇-冰沟大山西-黑山、中部多宝山镇-古兰河东山-傲山、东南部黑河-西岗子-孙吴为三条明显重力高值带,异常规模大、连续性好、方向性明显。

(2)位于测区中部、以重力低值为主的是一条南北走向异常带,北部为东西走向重力低值带。

(3)区内局部异常比较零碎,单线异常较多、强度不高、圈闭面积不大、方向性不明显,等值线伸展多弯曲。

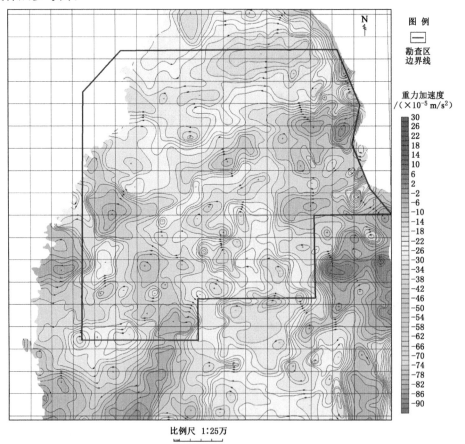

图 1-1 黑龙江多宝山-大新屯铜金矿整装勘查区布格重力异常图

上述区域重力场特点与区域地质背景密切相关。两条重力低值带分别推断为大岭酸性岩浆岩带和三间房酸性岩浆岩带,他们为印支期活动产物,但根据重力低值带中有局部重力低值分布的特点,推断在岩浆带中存在燕山期碱性花岗岩岩体。由区内零星出露的地层资料可知,古元古界兴华渡口群构成了陆壳的结晶基底,此后从寒武系至三叠系均有分布,但它们多以捕虏体或残留体形式存在,表现为局部重力高;区内中生代小型盆地比较发育,表现为局部重力低,这正是区内局部异常比较零碎的主要原因。反映区域重力场特点之一的三条重力高值带,则主要由隐伏或半隐伏的元古界或古生界地层引起。区内断裂构造比较发育,以北东和北西向为主,北西向断裂明显切错北东向断裂。

1.5.2　区域磁场特征

研究区磁场主要有两大特征。北段以正异常为主,低值背景为辅;中段和南段则以负异常为主,正异常为辅,正异常呈孤岛状分布于大面积的负异常之中。中段和南段这种场的特征客观上反映出"多宝山(岛弧)"的空间分布形象(图 1-2)。

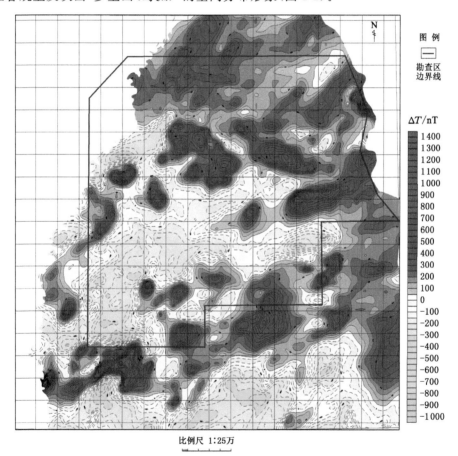

比例尺 1:25万

图 1-2　黑龙江多宝山-大新屯铜金矿整装勘查区航磁 ΔT 等值线平面图

北段较大范围的正磁异常,由近北东和北西走向的正磁异常和串珠状磁力高值区组成,局部间或有负场分布,ΔT 极值 900 nT,区内磁场特征受北东和北西走向构造控制;中部,古兰河东山以西正磁异常呈孤岛状零散分布于负磁场中,ΔT 极值 750 nT;多宝山镇以西沿断裂走向展布一北东走向的正磁异常带,其上在三峰山形成一环形磁力高值区,为火山机构;南段大黑山以南分布有呈簇状展布的强磁异常区,正负伴生,应由中基性火山岩引起。

研究区内矿产主要有金、铜、钼、银、铁、钨、锌、铅等矿,金矿床主要分布于中段的负磁场中,少部位于梯度带或正异常上(如三道湾子金矿)。北段滨南林场钼矿床位于弱的梯度带上。中段西部多沿构造边缘分布,有铜山铜钼矿、多宝山铜钼矿、争光金矿,磁场特征表现为处于正负场的梯度区域,明显受构造控制,另在此区域分布有三矿沟铁铜银锌钨矿床和关鸟河钨铜铅锌矿床,区域磁场表现为弱的磁场特征。南段零星分布有砂金和金矿床,磁场背景以负磁场为主。

1.6　区域地球化学异常特征

根据1:20万水系沉积物地球化学测量数据,研究区位于霍龙门-罕达汽-多宝山-黑河Au、Cu、Mo高背景带。Au的总体分布特征略显零散(图1-3),但Au的地球化学异常主要分布于多宝山-黑河等地区。其中多宝山-黑河等地是Au的异常密集分布区,其他地区多呈孤立的点异常出现。主要发育在早白垩世龙江组、光华组中的是中性火山岩。晚石炭世至早二叠世变质火山岩、早石炭世花岗质糜棱岩中,异常成因主要与早侏罗世韧性剪切作用和早白垩世

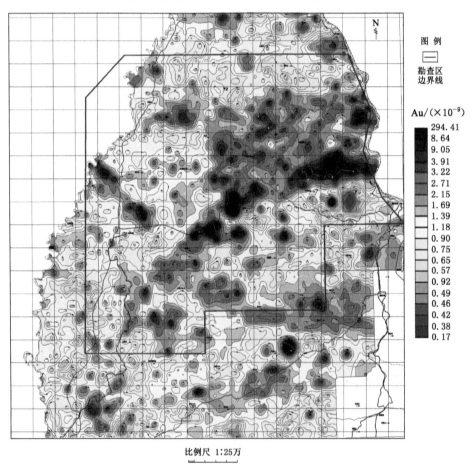

比例尺 1:25万

图1-3　黑龙江多宝山-大新屯铜金矿整装勘查区金地球化学图

火山热液活动导致的元素富集有关,局部形成蚀变带和矿化体。部分 Au、Ag、Cu 等元素异常发育在嫩江组和孙吴组沉积岩中,主要与异常区物源被剥蚀到盆地中富集有关。

有色金属 Cu、Pb、Zn 及 Ag 等元素异常主要分布于多宝山-宽河等地区,属有色金属异常的密集分布区。Cu 的低含量区主要分布在大小兴安岭至张广才岭花岗岩区。Cu 的高背景区主要分布在北部大兴安岭陆缘增生构造带、嫩江县科洛地区,受构造控制明显,多呈线状或条带状展布于断裂构造带附近,并多与热液活动有关(图 1-4)。

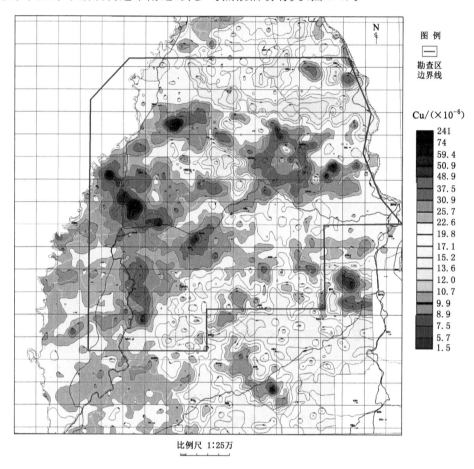

比例尺 1:25万

图 1-4　黑龙江多宝山-大新屯铜金矿整装勘查区铜地球化学图

Cu、Pb、Mo、Zn 等中-高温元素异常主要发育在奥陶系中-下统多宝山组($O_{1-2}d$)、铜山组地层($O_{1-2}t$)、早石炭世花岗质糜棱岩、新元古代新开岭岩群中,异常成因主要与早奥陶系中-下统、石炭世花岗岩岩浆侵入和早侏罗世韧性深熔作用导致的元素富集有关。本组系多宝山铜矿成矿围岩,钼、铜、金等元素含量高,提供了充足的成矿物质,具有矿源层的意义。

Co、Cr 等元素异常主要发育在新生代科洛基性火山岩中,异常成因主要与基性火山岩中高含量的铁镁质矿物有关。

Mo 的高含量区主要分布在黑河三道湾子至嫩江多宝山一带,这些区内斑岩、火山岩、变质岩及碳酸盐岩分布广泛,构造复杂,与 Mo 有关的矿致异常发育,具有利的成矿地质条件,是寻找斑岩型、夕卡岩型、火山热液型及蚀变岩型钼矿的极佳地段。

第2章 成矿规律分析

多宝山-大新屯铜金矿整装勘查区Ⅰ级成矿单元为滨太平洋成矿域（叠加在古亚洲成矿域之上）（Ⅰ-4），Ⅱ级成矿单元主要位于大兴安岭成矿省（Ⅱ-12），Ⅲ级成矿单元为多宝山（岛弧）Cu-Au-Mo-W-Fe成矿亚带（Ⅲ-48-2）（表2-1）。研究区主要有以下矿集区：

（1）多宝山铜-金-钼-钨-银-煤-水泥用大理岩-膨润土矿集区（Ⅴ-48-2-1）

区内主要分布多宝山火山弧亚相（O）、罕达汽弧间盆地亚相（S_1-C_2）、铜山岛弧环境花岗岩亚相（O_{1-2}）、卧都河陆缘弧侵入岩亚相（T_3-J_1）及建边后碰撞侵入岩亚相（K_1），成矿作用具有多期多阶段性特征，矿种以铜钼金为主，其次为铁钨银等。

多宝山组（$O_{1-2}d$）安山岩-英安岩-大理岩组合为区域成矿的有利围岩，其与早-中奥陶世、晚三叠-早侏罗世中酸性岩浆侵入活动形成斑岩型铜钼矿床、夕卡岩型铁铜钨矿床及金矿床，矿床分布受控于北西向构造带，代表性矿床为多宝山铜钼矿床、铜山铜矿床、争光金矿床、三矿沟铁铜矿床、关鸟河钨矿床。

（2）小泥鳅河金矿集区（Ⅴ-48-2-2）

区内主要分布多宝山火山弧亚相（O）、罕达汽弧间盆地亚相（S_1-C_2）、卫星山陆缘弧侵入岩亚相（P_1）、关鸟河陆缘弧侵入岩亚相（C_1）及卧都河陆缘弧侵入岩亚相（T_3-J_1），区内中部分布北东向罕达汽断层束，南部发育北东向韧性剪切带。以早白垩世中酸性岩浆侵入活动成矿作用为主，形成岩浆热液型金矿床，代表性矿床为小泥鳅河金矿床。

（3）三道湾子金-石英砂矿集区（Ⅴ-48-2-3）

该矿集区分布在傲山火山沉积-断陷盆地亚相（K_1）内，南部出露卧都河陆缘弧侵入岩亚相（T_3-J_1），火山机构发育并控矿。该矿集区以早白垩世光华期火山活动形成火山热液成矿作用为主，形成火山热液型金矿床，代表性矿床为三道湾子金矿床、上马场金矿床。

（4）永新金-珍珠岩矿集区（Ⅴ-48-2-4）

区内主要分布多宝山火山弧亚相（O）、古利库火山沉积-断陷盆地亚相（K_1）、关鸟河陆缘弧侵入岩亚相（C_1）、建边陆缘弧侵入岩亚相（P_3-T_1）及卧都河陆缘弧侵入岩亚相（T_3-J_1）。区内以早白垩世中酸性岩浆侵入活动成矿作用为主，形成岩浆热液型钼矿床，代表性矿床为永新金矿床、野猪沟钼矿床。

（5）科洛金-硅质页岩-蛋白石矿集区（Ⅴ-48-2-5）

区内主要分布古利库火山沉积-断陷盆地亚相（K_1）及北师河陆缘弧侵入岩亚相（C_{1-2}），北东向韧性剪切带控制矿床及矿体的分布。以早白垩世光华期火山活动形成火山热液成矿作用为主，形成火山热液型金铜钼矿床，代表性矿床（点）为三合屯金矿床、科洛河金矿床、嫩北农场钼矿点。

表 2-1 研究区成矿单元划分表

Ⅰ级成矿域及编号	Ⅱ级成矿省及编号	Ⅲ级成矿区带及编号	Ⅳ级成矿亚带及编号	矿集区及编号	代表性矿床(点)
Ⅰ-4:滨太平洋成矿域(叠加在古亚洲成矿域之上)	Ⅱ-12:大兴安岭成矿省	Ⅲ-48:东乌珠穆沁旗—嫩江铜-钼-铅-锌-钨-锡-铬成矿带(C_{m-1};I_1;Y_m;H_1)	Ⅲ-48-2:多宝山(岛弧)Cu-Au-Mo-W-Fe成矿亚带(C_m;I_1;Y_m;H_1)	Ⅴ-48-2-1:多宝山铜-金-钼-钨-银-煤-水泥用大理岩-膨润土矿集区	多宝山 Cu 矿床(◇/C)、铜山 Cu 矿床(○/D)、争光 Au 矿床(○/Z)、三矿沟 Fe-Cu 矿床(△/X)、关鸟河钨矿床(△/X)
				Ⅴ-48-2-2:小泥鳅河金矿集区	小泥鳅河金矿床(○/Z)、五道沟砂金矿床(/Z)
				Ⅴ-48-2-3:三道湾子金-石英砂矿集区	三道湾子 Au 矿床(▱/Z)、上马场 Au 矿床(▱/X)、法别拉河中游砂金矿床(▱/X)
				Ⅴ-48-2-4:永新金-珍珠岩矿集区	永新 Au 矿床(○/Z)、野猪沟钼矿床(○/X)、泥鳅河砂金矿床(▱/Z)
				Ⅴ-48-2-5:科洛金-硅质页岩-蛋白石矿集区	科洛金矿床(○/X)、嫩北农场钼矿点(○/K)

注:(1)矿床规模:C—超大型矿床,D—大型矿床,Z—中型矿床,X—小型矿床,K—矿点。

(2)矿床类型:□—岩浆型矿床,◇—斑岩型矿床,△—接触交代(夕卡岩)型矿床,○—热液型矿床,▱—海相火山岩型矿床,▱—陆相火山岩型矿床,▱—陆相沉积型矿床,▱—沉积-变质型矿床。

(3)成矿时代:Ar_3—新太古代,Pt_1—古元古代,Pt_2—中元古代,Pt_3—新元古代;C—加里东期,V—华力西期,I—印支期,Y—燕山期,H—喜山期,e—早期,m—中期,l—晚期。

2.1 矿产地分布特点

多宝山-大新屯铜金矿整装勘查区矿产比较丰富,尤其是贵金属和多金属矿产,不仅分布广泛,而且类型众多(图 2-1)。

岩金矿产地有洪叶家金矿床、争光金矿床(大型)、三道湾子金矿床(中型)、永新金矿(中型)、上马场金矿床(中型)、北大沟金矿床(小型)、傲山金矿化点。砂金矿产地有罕达汽砂金矿床、五道沟砂金矿床、洪叶家砂金矿床、三道湾子西段砂金矿床。

多金属矿产地有多宝山铜钼矿床、铜山铜钼矿床、关鸟河白钨矿床和桦皮窑铅锌矿化点、三道湾子铜钼矿化点。已经发现的各类矿产均分布在两个菱形构造的北西、北东向断裂带上。这说明两个菱形构造分区是重要的控矿、导矿和容矿构造。这些矿床和矿(化)点主要分布于西南和东北部,从多宝山至三矿沟一带呈北西向展布,以铜(钼)、铅、锌、钨矿为主,从罕达汽至傲山一带呈北东向展布,以金(银)矿为主,构成一条明显的多金属-金矿化带。多宝山-铜山斑岩型铜钼矿床构成一个重要的斑岩成矿系列;争光-三道湾子金矿构成典型的浅成低温热液型矿床成矿系列。这反映出早期高温至晚期中温到低温矿床的变化规律,成矿元素沿钨铋—铜铁-钨锌-铜钼-铅锌(金银)演化。尽管已有的研究成果揭示出两

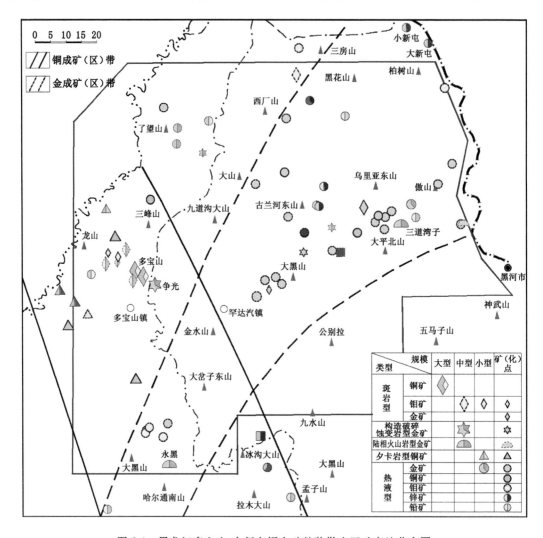

图 2-1 黑龙江多宝山-大新屯铜金矿整装勘查区矿产地分布图

个成矿系列在成矿时间和控矿因素与成矿构造环境等方面有着很大的差异,但两者均表现出与区域钙碱性岩浆活动有密切成因联系。尤其是三道湾子富碲化物型金矿床的发现,对于周边地区(上马场、北大沟金矿)低硫化物型金矿床的考虑,以及对于这些矿床的基础背景与成因研究、矿床模型的建立,都将会拓展我们对于这一地区同一类型或组合类型矿床评价的新思路,并能实现找矿的新突破。

2.2 成矿地质作用分析

关于研究区区域构造背景,目前有很多不同的解释,有学者认为与古太平洋板块向中国大陆俯冲作用有关;有学者认为是地幔柱成因或者岩石圈伸展构造所致;还有学者认为是东部太平洋板块的俯冲及若干块体的拼贴以及认为是伊泽奈崎板块长时期的向西的俯冲作用,从而诱发了自俄罗斯远东到蒙古国东部和中国东部整个地区的晚中生代的大规模的岩浆活动及岩石圈伸展作用。邓晋福(1999)提出中国东部岩石圈-软流圈系统大灾变与燕山期成矿大爆发的新观点,并建立了中国东部岩石圈拆沉与大洋俯冲-大陆碰撞复合造山的联合成因模型(图 2-2)。

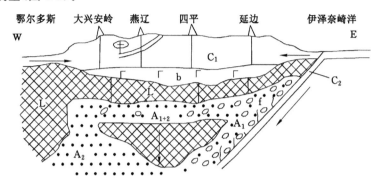

b—玄武质岩浆底侵的岩浆房;C_1—陆壳;C_2—洋壳;L 岩石圈;A_1—与大洋俯冲有关的软流圈;
A_2—与大陆碰撞有关的软流圈;$A_{1+2}=A_1+A_2$;f—从大洋俯冲带放出的流体。

图 2-2　中国东部岩石圈拆沉与大洋俯冲-大陆碰撞复合造山的联合成因模型

2.2.1　古生代成矿地质作用特征

在沿中-新元古代古陆边缘的早古生代裂陷最深的北西向海盆中,由于深部洋壳和亏损的上地幔物质熔融上升,形成钙碱性的安山质岩浆,导致喷发沉积了中奥陶统巨厚的火山-沉积岩系(形成矿源层的矿源岩)。中加里东期(华力西期),北东向的碰撞造山运动,使北西向基底深部构造再度张开,并产生了与中奥陶统火山岩同源的岩浆侵位并成矿。长期活动的北西向深断裂及北东向断裂控制了华力西期岩浆侵位和热液的流向。侵入接触带、北西向断裂带和北西向弧形片理化带是主要的三种控矿构造。中奥陶统火山-沉积地层为矿源层,其中尤其以多宝山组安山质火山岩含铜量最高,构成矿源岩。

起源于上地幔,继承了区域早古生岩浆特点的花岗闪长岩有三次侵入活动:中加里东期(华力西期)花岗闪长岩(485 Ma、310—292 Ma)(此处"Ma"表示"距今百万年",下同),中-晚加里东期(华力西期)花岗闪长斑岩(479.5 Ma、283 Ma),晚华力西期花岗闪长岩或英云闪长岩或更长花岗岩(245 Ma)。

2.2.2　中生代成矿地质作用特征

本研究认为中国主体大陆的东部受到蒙古-鄂霍次克构造带、伊泽奈崎洋和太平洋俯冲的影响形成总体呈 NE-NNE 走向的滨西太平洋成矿域。早白垩世火山岩的形成受到了伊泽奈崎板块于晚中生代向亚洲大陆之下的斜向俯冲消减。晚白垩世火山岩形成于大陆板块内拉张环境。总之大兴安岭北部中生代火山岩的形成与蒙古-鄂霍茨克造山带造山过程密切相关,晚期与太平洋板块俯冲有关,并有由古亚洲洋构造域向太平洋构造域转换的过程。

根据构造格架、火山岩带的分布结合区域伸展构造等区域特征,可以认为由伊泽奈崎板块俯冲与回退效应导致的壳幔相互作用对于大兴安岭构造-岩浆活动性具有至关重要的作用。俯冲板块的回退导致大陆板块内部出现区域伸展与软流圈上涌,同时下部地壳与岩石圈地幔减压发生部分熔融。幔源与壳源混合的岩浆携带着成矿物质上侵,进入地壳浅层或喷发到地表,同时形成了大规模的成矿系统。

第3章 典型矿床分析

多宝山-大新屯铜金矿整装勘查区内已发现有多宝山大型铜钼矿床、铜山大型铜矿床、三矿沟小型夕卡岩铁铜矿床、关鸟河小型夕卡岩白钨矿床以及小多宝山、跃进、育宝山铁铜矿点等组成,是中亚造山带东段最重要的斑岩型铜(钼)矿床产出地区。近20年,区域内又陆续发现了小泥鳅河金矿床、争光大型金锌矿床、上马场金矿床、三道湾子中型金碲矿床、永新中型金矿床、孟德河中型金矿床、三合屯金矿床、二道坎大型银矿床等一批金银钼锑矿床、矿化点,进一步拓展了区域找矿方向。本章通过对铜山铜矿、争光金矿、永新金矿、三道湾子金矿等典型矿床进行研究,总结成矿作用特征标志,构建找矿预测模型,预测矿体空间位置,利用综合信息进行找矿靶区预测,提出勘查工程布置建议,达到指导区域找矿目的。

3.1 铜山铜矿床

铜山矿区位于嫩江市北北东方向160 km处,行政区划隶属于嫩江市管辖,有公路相通,交通方便,为省内第二大铜矿床。该矿床目前由黑龙江铜山矿业有限公司施工建设。截至2019年年底,在黑龙江省矿产资源储量中:已查明铜资源储量961 441 t(大型),铜平均品位0.47%;钼43 060 t(中型),平均品位0.094%;铅2 952 t(中型),锌104 030 t(中型);伴生金16.841 t(中型),平均品位0.13 g/t;伴生银381.10 t(中型),品位2.41 g/t;铂0.203 t(中型),伴生品位0.003 5 g/t;钯2.50 t(中型),伴生品位0.042 5 g/t;铼24 t(中型),平均品位0.000 03%;镉137 t(小型)。

3.1.1 区域地质特征

嫩江市铜山铜矿床赋存于大兴安岭弧盆系多宝山岛弧内。早古生代多宝山岛弧的基底主要为中-新元古界兴华渡口岩群($Pt_{2-3}xh$)高绿片岩相至低角闪岩相的变质火山-沉积岩系。奥陶纪的岛弧型海相火山-沉积建造主要分布于黑河市十二站、嫩江市多宝山、依克特等火山弧地带。自下而上划分为下-中奥陶统铜山组($O_{1-2}t$)、下-中奥陶统多宝山组($O_{1-2}d$)、上奥陶统裸河组(O_3l)和上奥陶统爱辉组(O_3a)。其中多宝山组以火山岩占优势,是黑龙江省最重要的铜矿源层;铜山组、裸河组和爱辉组均以沉积岩占优势。下志留统黄花沟组(S_1h)粉砂质板岩、粉砂岩零星分布。

该区域发育南北向、东西向、北东向和北西向多组断裂构造。在北西向断裂带基础上发育的北西向弧形构造体系是重要的控岩控矿构造,控制了奥陶纪以花岗闪长岩至花岗闪长斑岩为代表的多期次岩浆被动侵位及热流体活动,形成不同规模的复式侵入杂岩体、大面积的蚀变带和大规模的铜矿。晚古生代该区域在岛弧之上叠加了罕达汽弧间裂谷。中生代形成盆岭构造,火山及浅成岩浆侵入活动强烈,成为奥陶纪之后的另一个重要成矿期。

嫩江市多宝山矿田由紧密毗邻的多宝山和铜山两个(超)大型斑岩铜钼矿床以及分布

在它们周围的一些铜(钼、铁)矿(化)点组成。铜山铜矿床位于多宝山矿床的东南,它们为东西向的铜山断层所隔。两个矿床的中心点相距约 4 km,两个矿床的矿体间隔只有 1 000 多米,在多宝山到铜山这个长度为数千米、宽度为千余米、面积约 10 km² 的狭小范围内,高度集中地赋存着黑龙江省已查明铜资源储量的绝大部分。多宝山矿床列入截至 2019 年年底黑龙江省矿产资源储量表中的铜资源储量为 1 953 289 t,铜山矿床为 961 441 t,两个矿床合计铜资源储量为 2 914 730 t,占到全省上表铜资源储量(3 414 250 t)的 85.37%。

3.1.2　矿区地质特征

(1) 地层

铜山铜矿区出露的地层主要是下-中奥陶统铜山组(O_2t)、多宝山组(O_2d)(图 3-1)。铜山组岩性主要为砂岩、粗砂岩、凝灰质砾岩、安山岩、凝灰岩等;多宝山组主要为安山岩、凝灰岩、含砾凝灰岩、火山角砾岩夹凝灰质砂岩、砾岩等。与成矿有关的是多宝山组底部层位。多宝山组一段一亚段岩性为安山岩、安山质凝灰岩、局部含角砾碎斑安山岩,夹层有凝灰质砂岩、砂砾岩,底部为粗屑凝灰岩,铜山的 Ⅰ、Ⅱ 号矿体主要产在该亚段中。

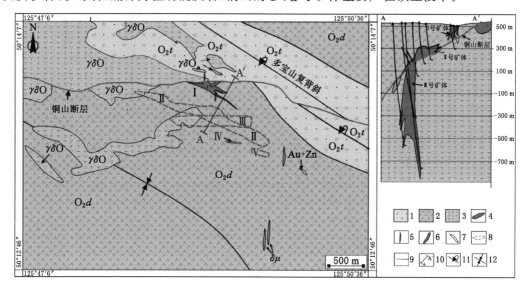

1—铜山组;2—多宝山组;3—石英闪长岩;4—白云母花岗岩;5—闪长玢岩;6—铜矿体;
7—金锌矿体;8—隐伏铜矿体;9—断层;10—剖面;11—倒转背斜;12—次级向斜。

图 3-1　铜山矿床地质简图

(2) 侵入岩

早-中奥陶世花岗闪长岩($O_{1-2}\gamma\delta$):第一次岩浆侵入沿区域北西向和北东向断裂交会部位,岩体略呈北西-南东向延长,属被动侵位。花岗闪长岩岩体与多宝山组接触带呈犬牙交错状,且岩体中部有北西向多宝山组岩石的顶垂体带。该岩体与多宝山组接触带附近岩石形成蚀变和少量规模不大的铜矿体。

早-中奥陶世花岗闪长斑岩($O_{1-2}\gamma\pi$):第二次岩浆侵入是小岩体沿北西向断裂侵入花岗闪长岩岩体的中部。地表出露两个毗邻的花岗闪长斑岩小岩体,其面积分别为 0.08 km² 和 0.09 km²,向深部合为一体并有膨大趋势。其内部相为花岗闪长斑岩,边缘相为英云闪长岩。花岗闪长斑岩岩体顶面形态极为复杂,凹凸不平,因强烈蚀变与花岗闪长岩界线模糊不清。矿区内以花岗闪长斑岩体为核心,发育一套典型的斑岩型带状蚀变及铜、钼矿化,形成矿区内主要的铜、钼矿体。锆石 U-Pb 年龄为(474.0±3.4)Ma,为钙碱性、准铝质、I 型花岗岩,推测是铜山矿床成矿斑岩体(成矿地质体)的分支。

本次研究在 1064 勘探线的四个深孔中识别出 4 处花岗闪长斑岩岩枝(图 3-2 至图 3-3),斜长石发生绢云母化、伊利石-水白云母化,角闪石发生绿泥石化及绿帘石化并有不同程度的硅化,见少量黄铜矿+黄铁矿化。其锆石 U-Pb 年龄为(474.1±1.28)Ma,表明形成时代为早-中奥陶世。

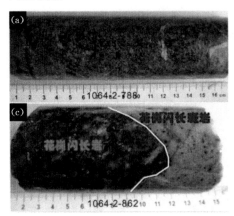
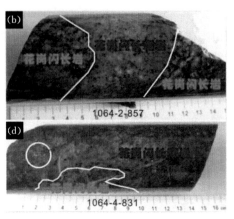

图 3-2 铜山铜矿床花岗闪长斑岩岩芯样品照片

早-中奥陶世英云闪长岩($O_{1-2}\gamma\delta o$):第三次岩浆侵入指成矿后的小岩株侵入花岗闪长岩,在深部切穿花岗闪长斑岩及铜矿体,侵入铜山组、多宝山组。刘军等(2015)在钻孔获得岩浆锆石 U-Pb(LA-ICP-MS,一种质谱仪)加权平均年龄为(461±1)Ma(MSWD=0.2),认为铜山矿床英云闪长岩属于埃达克质岩,形成于大陆边缘弧环境,来源于加厚下地壳物质的部分熔融。铅同位素投影点基本落在地幔演化线附近,反映了幔源铅的特征,揭示成岩成矿物质可能来自亏损地幔增生的下地壳。

脉岩:主要是闪长玢岩,侵入多宝山组、矿体及早期的石英闪长岩体。闪长玢岩锆石 U-Pb(LA-ICP-MS)年龄为(452.9±4.5)Ma,而地质体和变形构造的相对年龄由老至新为石英闪长岩(约 475 Ma)、北西西向构造、闪长玢岩(约 450 Ma)、东西向铜山断裂,推测北西西向构造形成时代为 452~475 Ma。

综合区域构造-岩浆演化资料,认为铜山矿床早古生代岩浆岩形成于大陆边缘弧环境。此次研究发现铜山矿床含高氧化特征矿物,如磁铁矿、硬石膏,呈石英-磁铁矿脉,硬石膏脉产出。这表明成矿流体含有大量氧化性气体(SO_4^{2-}),为典型的氧化性斑岩铜矿,成矿作用与氧化性、磁铁矿系列、I 型花岗岩有关。

(3) 构造

矿区位于铜山组和多宝山组所构成的倒转背斜的西翼,倾向南南西。构造主要为北西向构造、东西向构造及南北向构造。北西向构造在勘探区内形成较早,是区内的基础构造,属加里东期构造旋回,主要为轴线呈北西向的多宝山复背斜及其次一级向斜以及北西向韧性剪切带;东西向构造及南北向构造为成矿后构造,属燕山期构造旋回,主要为东西向断裂、南北向断裂。

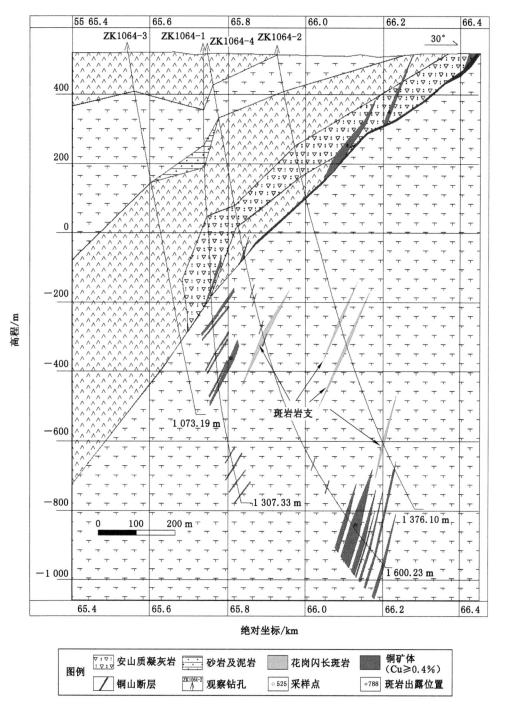

图 3-3　铜山铜矿床花岗闪长斑岩在 1064 勘探线剖面中的位置

　　在铜山采坑识别出了两期成矿后构造(图 3-4),北西西向构造带和东西向铜山断裂带,北西西向构造带被未变形的闪长玢岩脉切穿,而铜山断裂带内闪长玢岩脉受铜山断层改造而变形,闪长玢岩具有一致的年龄,表明北西西向构造带形成在前,东西向铜山断裂带形成在后。

　　北西西向构造:铜山采坑西南边帮追索北西西向构造(图 3-5),发现地层和热液脉系均

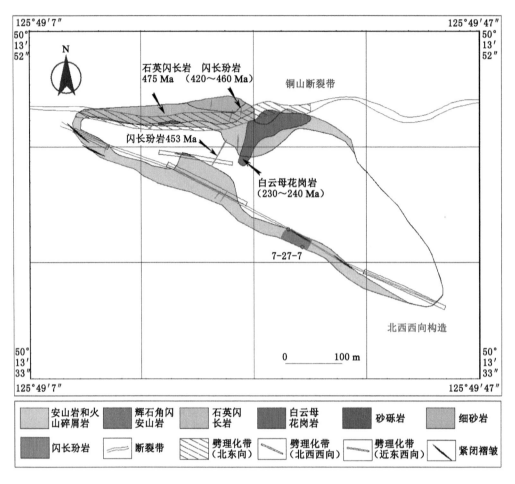

图 3-4　铜山采坑地质简图

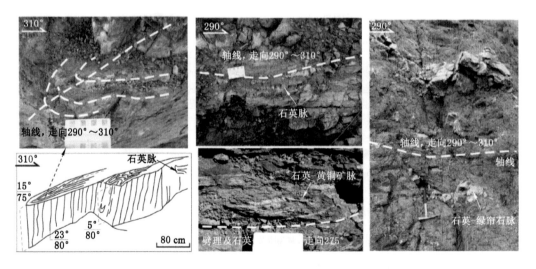

图 3-5　铜山采坑内北西西向构造带内紧闭褶皱及劈理

卷入紧闭褶皱变形中,紧闭褶皱轴线走向为北西西方向(285°～310°),并发育北西西向的劈理。采坑中部靠近铜山断层位置,因受铜山断层改造,劈理和石英-金属硫化物脉呈近东西向展布。对 1064 勘探线中钻孔进行岩心编录,发现远离铜山断层位置多处出现变形现象,如石英脉变形以及蚀变矿物绿泥石、白云母、绢云母、伊利石等的弯曲变形并有定向,局部石英发生动态重结晶。北西西向构造的存在及其特征表明,铜山铜矿床曾受到北北东向(现今方位)的挤压作用,致使斑岩铜矿床常见的筒状、环状矿体受到改造。

铜山断裂带:铜山断裂错断矿区内发育多宝山组、铜山组、石英闪长岩体、矿体。断层上盘岩性为安山岩、火山碎屑岩,局部夹含砾粗砂岩(图 3-6);下盘岩性主体为石英闪长岩、英云闪长岩,局部有紫红色含砾粗砂岩、砾岩。采坑内可见呈 10 余米宽的压扭破碎带,强应变带位于中心,宽约 1 m,发育断层泥及强烈破碎的断层角砾岩。野外观察表明:断层泥带呈近东西向延伸,两侧为岩石破碎带,断层泥与破碎带间界面的产状为 175°～190°∠40°～45°。

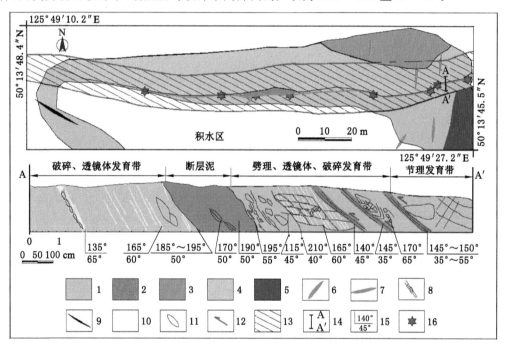

1—多宝山组安山岩和火山碎屑岩;2—铜山组砾岩;3—铜山组砂岩;4—石英闪长岩;
5—白云母花岗岩;6—闪长玢岩脉;7—断层泥带;8—强应变带;9—北西西向紧闭褶皱;
10—劈理;11—透镜体;12—逆冲方向;13—铜山断裂带范围(北东东向劈理发育区);
14—剖面位置;15—界面、面理、节理产状;16—断层泥追索。

图 3-6　铜山断裂带在采坑中的出露范围及基本特征

岩体常见伊利石-绢云母化蚀变,邻近断层,劈理发育,形成碎裂岩、片岩(图 3-7),劈理产状有明显的优势方位,即 155°～160°∠55°～70°。还发现几处近东西向、北西-北西西向的擦痕及南东向的杆状构造。

断裂带内构造透镜体发育,透镜体椭球面长轴大小从几厘米至约八十厘米不等,局部见大型透镜体,椭球面长轴可至 4 m(图 3-8)。

断层上下盘都有闪长玢岩侵入,靠近断层部位发生压扭变形(图 3-9)。下盘含砾粗砂

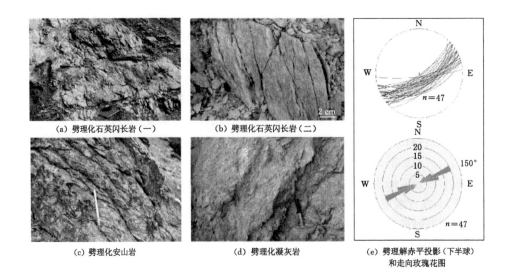

(a) 劈理化石英闪长岩（一）　　　　（b) 劈理化石英闪长岩（二）

(c) 劈理化安山岩　　　　（d) 劈理化凝灰岩　　　　(e) 劈理解赤平投影（下半球）和走向玫瑰花图

图 3-7　铜山断裂带内的劈理

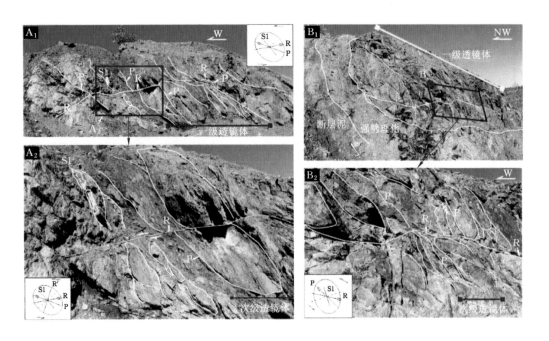

R,R′—里德尔剪裂;P—压剪性节理或断裂;S1—挤压面理。

图 3-8　铜山断裂带内的构造透镜体

岩、砾岩层也被扭动,呈现褶皱变形。

　　断裂带内的石英脉、石英-金属硫化物脉变形明显。穿插石英闪长岩的石英脉(宽约 5 cm),被扭动呈透镜状,透镜体压扁面(AB 面)产状为 $135°\sim150°\angle57°\sim60°$(图 3-10)。发育黄铁矿压力影构造。石英-黄铁矿-黄铜矿细脉(宽 $0.5\sim1$ cm),呈断续透镜体,黄铁矿发育微裂隙,局部黄铁矿被拉长呈透镜状。见黄铜矿脉与碳酸盐岩脉同步弯曲。

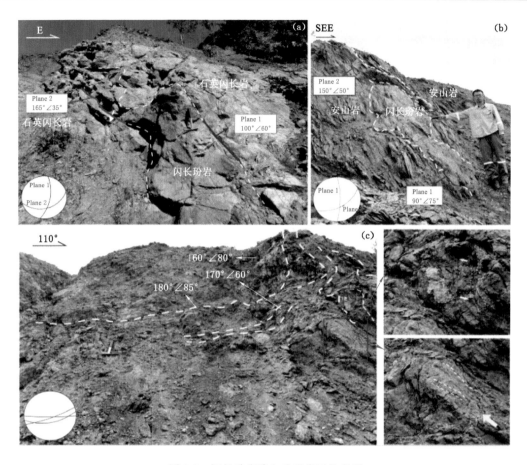

图 3-9　闪长玢岩脉和砂砾岩层的变形

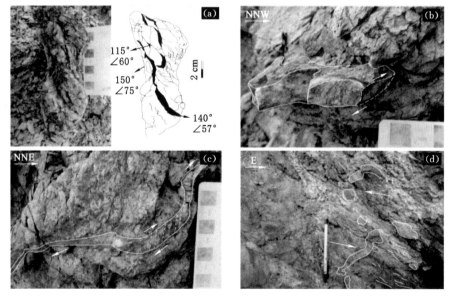

图 3-10　变形的石英脉

3.1.3 矿体特征

本矿区Ⅰ号矿体出露于地表,而Ⅱ、Ⅲ、Ⅳ、Ⅴ号矿体为隐伏矿体。

矿床由5个主矿体和76个从属矿体所构成,其中铜矿体45条,构成本矿床主体部分;在铜矿体中以Ⅲ号矿体规模最大,占矿床总资源储量的62%。铜平均品位为0.48%,钼平均品位为0.023%。Ⅰ、Ⅱ号矿体在铜山断裂上盘,Ⅲ～Ⅴ号矿体在铜山断裂下盘。矿区东南部还发育有金锌矿化,位于铜山断裂上盘。多宝山组地层和早古生代石英闪长岩和英云闪长岩体是主要的赋矿围岩。矿体呈细脉浸染状、网脉状矿化。

Ⅰ号矿体赋存于铜山断层上盘多宝山组第一岩性段一亚段绿泥石化绢云母化安山岩或安山质火山碎屑岩中。Ⅱ号矿体赋存于铜山断层上盘多宝山组第一岩性段一亚段绿泥石化绢云母化安山岩或安山质火山碎屑岩中;矿体总体上呈透镜状,倾向210°,倾角30～60°,矿体控制长度2 000 m,矿体最大水平厚度174.6 m;平均品位0.53%;Ⅱ号矿体下部被铜山断层断失。Ⅲ号矿体分布于矿床的最下部,产在铜山断层下盘蚀变的英云闪长岩、蚀变安山岩及碎屑岩中,由Ⅲ号主矿体和18个从属矿体组成,全长大于1 140 m,宽度30～266 m;平均品位0.45%。Ⅳ号矿体仅在1096线ZK776钻孔669.77～695.00 m段见到,斜厚5.23 m,推测矿体形态为条带状,矿体走向近东西,倾向180°、倾角77°;矿体顶部被东西向铜山断层切断,向深部未能控制;平均品位0.25%。Ⅴ号矿体仅在1112线ZK861钻孔808.77～880.00 m段见到,斜厚52.3 m,推测矿体形态为条带状,矿体呈东西走向,倾向180°、倾角77°;平均品位0.41%;向深部未能控制。

3.1.4 矿石特征

矿石类型按矿石的氧化程度可划分为氧化矿石和原生矿石。原生矿石分布于氧化矿石下部,其氧化铜率小于10%,占可采铜资源储量的98%。

矿石类型按可被利用组分多少划分为铜矿石和铜钼矿石。铜矿石是本区最基本的矿石类型,构成了铜矿体的主体部分。铜钼矿石在铜矿体中分布比较分散,空间上不具一定规模,不便分采,因此未将其单独划分开来。

矿石类型按构造划分为细脉浸染型矿石、浸染状矿石和细脉状矿石(图3-11)。其中细脉浸染型矿石是矿区内主要矿石类型,少量见有浸染状矿石和细脉状矿石。矿区绝大部分铜矿石类型为细脉浸染型,金属矿物以细脉浸染状充填嵌布在容矿岩石中,是浸染状矿石和细脉状矿石两种类型的叠加,系含矿热液多次活动的结果。

矿石结构类型按其成因划分为结晶结构、交代结构、固溶体分离结构、压力结构和表生结构五种。以结晶结构中的他形晶粒状结构和半自形晶粒状结构为主,且以交代结构中的填隙(间)交代结构和交代残余结构最为发育。

矿石构造按成因分为内生及外生共十种,主要有浸染状构造、细脉浸染状构造、脉状构造、团块状构造、块状构造、条带状构造、杏仁状构造、土状构造、薄膜状构造、孔洞构造等。其中以细脉浸染状构造最发育。

矿物共生组合的类型有11种,其中以石英-硫化物、石英-碳酸盐岩-硫化物、石英绿帘石-硫化物、石英-绢云母-硫化物、碳酸盐岩-硫化物最为发育,且以前两种为主。矿石中金属矿物总量介于3%～7%之间,主要金属矿物为黄铁矿和黄铜矿,其次为辉钼矿、斑铜矿、方铅矿、闪锌矿等,脉石矿物以石英、绢云母和碳酸盐岩为主,其次为绿帘石、黑云母、钾长石和钠长石等。

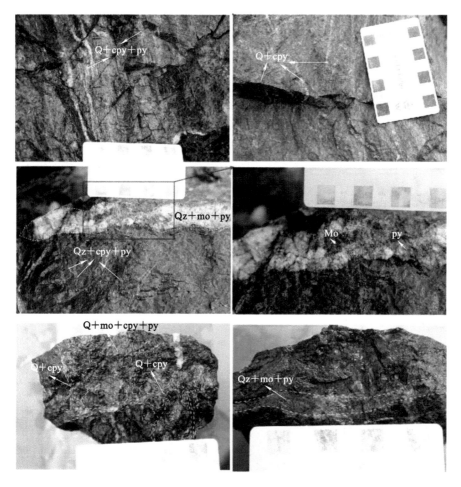

图 3-11　铜山铜矿矿石特征

3.1.5　蚀变分带

矿区被划分出青磐岩化带、绿泥石-绿帘石化带、中级泥化带、石英-绿泥石化带、石英-绢云母化带(包括局部强硅化带)(图 3-12)。

青磐岩化带和绿泥石-绿帘石化带(图 3-13 至图 3-14):蚀变矿物组合为绿泥石-绿帘石-碳酸盐矿物,上盘安山岩、凝灰岩、含砾凝灰岩、火山角砾岩蚀变为青磐岩,上下盘石英闪长岩中的黑云母、角闪石蚀变为绿泥石、绿帘石,斜长石发生帘石化,发育绿泥石脉、绿帘石脉、碳酸盐岩脉。

中级泥化带(图 3-15):蚀变矿物组合为绢云母-黏土矿物-绿泥石,石英闪长岩中斜长石蚀变为黏土矿物-绢云母,暗色矿物黑云母蚀变为绿泥石、绿帘石。

中级泥化与绢云母化过渡带:蚀变矿物组合为伊利石-绿泥石-绢云母,石英闪长岩中斜长石蚀变为伊利石-黏土矿物-绢云母(图 3-16),暗色矿物黑云母蚀变为绿泥石。

发育绿帘石脉,石英-碳酸盐岩脉,局部少量发育石英-钾长石脉。

石英-绿泥石化带(图 3-17):主要蚀变矿物组合为石英-绿泥石等,发育石英-黄铜矿-黄铁矿脉、石英-黄铁矿脉、石英脉、石英-辉钼矿脉,局部保留早期钠钙化组合,即绿帘石-阳起

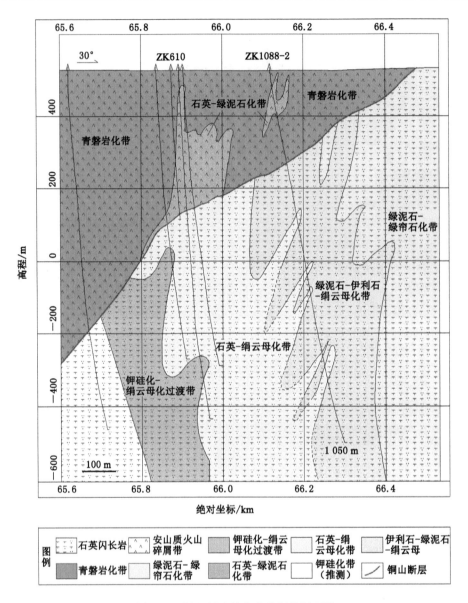

图 3-12　铜山铜矿蚀变分带划分剖面图

石-钠长石组合,钾硅化特征脉系如磁铁矿脉、磁铁矿-黄铜矿脉、钾长石-磁铁矿脉、石英-钾长石脉、石英-钾长石-辉钼矿脉等,铜山断层上盘经历了钠钙化、钾硅化、石英-绿泥石化、钾硅化的叠加,Ⅰ、Ⅱ号矿体处于此蚀变带。

石英-绢云母化带:蚀变矿物组合为石英-绢云母-水白云母-伊利石-黄铁矿,石英闪长岩中斜长石蚀变为绢云母-水白云母-伊利石,石英颗粒边界不规则反映后期硅质成分加入,黑云母蚀变为白云母。发育石英-黄铁矿-黄铜矿脉、黄铁矿细脉、石英-辉钼矿-黄铜矿-黄铁矿脉等,局部发育少量石英-钾长石脉。Ⅲ号矿体发育在此蚀变带(图 3-18 至图 3-19)。

强硅化带(局部):硅化强,原岩已无法分辨,见石英-辉钼矿脉,石英-辉钼矿-黄铜矿脉。铜山断层下盘Ⅲ号矿体处在此蚀变带(图 3-20)。

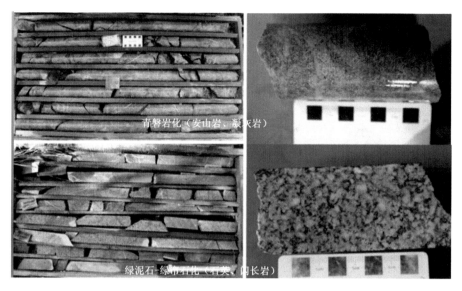

图 3-13　青磐岩化和绿泥石-绿帘石化带岩芯特征

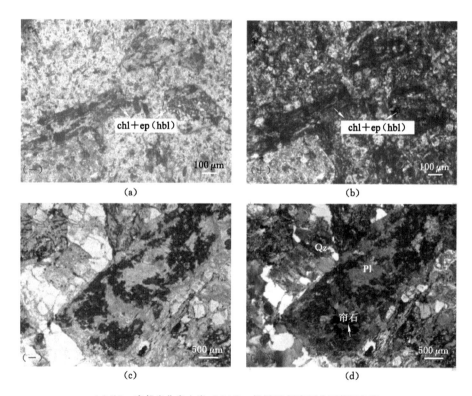

（a）（b）—青磐岩化安山岩；（c）（d）—绿泥石-绿帘石化石英闪长岩；

Qz—石英；Pl—斜长石；；chl—绿泥石；ep—绿帘石；hbl—角闪石。

图 3-14　青磐岩化安山岩和绿泥石-绿帘石化石英闪长岩镜下特征

图 3-15 中级泥化带岩芯特征

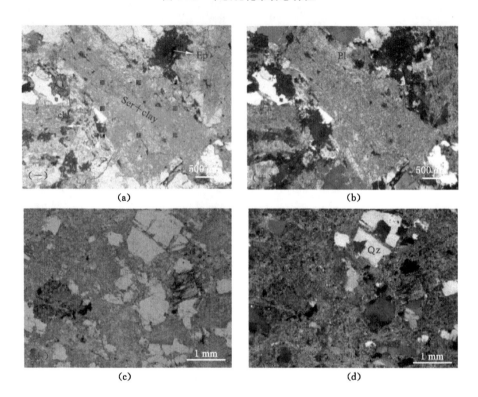

(a)(b)—中级泥化;(c)(d)—绿泥石-绿帘石化;

Qz—石英;Pl—斜长石;Ser—绢云母;clay—黏土矿物;chl—绿泥石;ill—伊利石。

图 3-16 中级泥化-石英绢云母化过渡蚀变镜下特征

3.1.6 成矿物理化学条件

1. 铜山铜矿床流体包裹体特征

流体包裹体类型:根据室温下包裹体的相态特征、激光拉曼光谱分析结果,以及包裹体加热过程中的变化,将铜山矿床原生及假次生流体包裹体分为下列三种类型。

W 类型:富液两相包裹体,呈负晶形、不规则多边形、椭圆形、不规则形[图 3-21(a)(b)(c)],在各阶段脉系的石英中存在,集群状、沿直线、孤立状产出皆有,占总包裹体数的 85%,大小为 4~12 μm,气液比 3%~40%,加热时均一到液相。

C 类型:富 CO_2 包裹体,大小为 6~10 μm,多为不规则形,约占包裹体总数的 2%,孤立状以及与液相包裹体共生[图 3-22(a)]。室温下有三类组合:液相盐水溶液＋液相 CO_2、液

(a)　　　　　　　　　　　　(b)

(c)　　　　　　　　　　　　(d)

图 3-17　石英-绿泥石化带野外特征

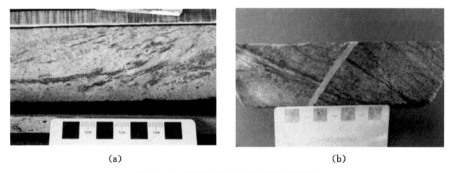

(a)　　　　　　　　　　　　(b)

图 3-18　石英-绢云母化带岩芯特征

(a)　　　　　　　　　　　　(b)

Qz—石英；Ser—绢云母；mus—白云母；bio—黑云母；Py—黄铁矿。

图 3-19　石英-绢云母化石英闪长岩特征

图 3-20　局部强硅化带岩芯特征

相盐水溶液＋液相 CO_2＋气相 CO_2（气相比例大）、液相盐水溶液＋液相 CO_2＋气相 CO_2＋石盐子晶[图 3-21(g)(h)(i)]。

S 类型：含子矿物多相包裹体，呈负晶形、不规则多边形、不规则形，与液相包裹体共生[图 3-22(b)]、以及孤立状产出，约占包裹体总数的 10%，大小 4～10 μm；主要由气相、液相、子矿物组成。液相成分主要为盐水溶液，气相成分主要为水，气液比为 5%～10%。子矿物为石盐和方解石等，石盐呈立方体及不规则形，方解石形态多样，如菱形体、立方体等[图 3-21(d)(e)(f)]。

2. 铜山铜矿床流体包裹体测温结果及解释

铜山 W 型（液相）包裹体均一温度变化范围为 144.3～389.9 ℃，显示 180～200 ℃ 和 200～240 ℃ 两个峰值，少数 W 型包裹体均一温度大于 300 ℃（308～389.9 ℃）。根据均一温度计算的盐度为 1.5%～12.0%（图 3-23）。

S 型（含子晶多相）包裹体加热时气泡先消失，子晶绝大多数超过 500 ℃ 仍未熔，少数在 400°附近熔化，武广等（2009）测得两个子晶矿物熔化温度显示 440～500 ℃。

C 类型（富 CO_2）包裹体，由于此类包裹体很小，没能测得笼合物熔化温度，仅测得一个数据，部分均一温度为 30.8 ℃，完全均一温度为 276.1 ℃。武广等（2009）测得的笼合物熔化温度为 5.1～8.5 ℃，CO_2 部分均一温度为 9.8～30.1 ℃，完全均一温度为 245～399 ℃，计算的盐度为 2.96%～8.82%。

3. 硫同位素特征

本次对多种脉系中的硫化物进行硫同位素分析，包括成矿早阶段的石英-钾长石-磁铁矿-黄铁矿-黄铜矿细脉、石英-钾长石-黄铜矿-磁铁矿脉，主成矿期的石英-黄铁矿-黄铜矿-辉钼矿脉、石英-黄铜矿脉、黄铜矿细脉、石英-黄铜矿-钠长石脉，成矿晚阶段的稠密浸染状黄铁矿、黄铁矿-闪锌矿脉等，分析矿物包括黄铁矿、黄铜矿、辉钼矿，共分析 22 件。其结果显示：15 件黄铁矿的硫同位素 $\delta^{34}S$ 在 $-2.1‰$～$0.4‰$ 之间，平均为 $-0.59‰$；6 件黄铜矿的硫

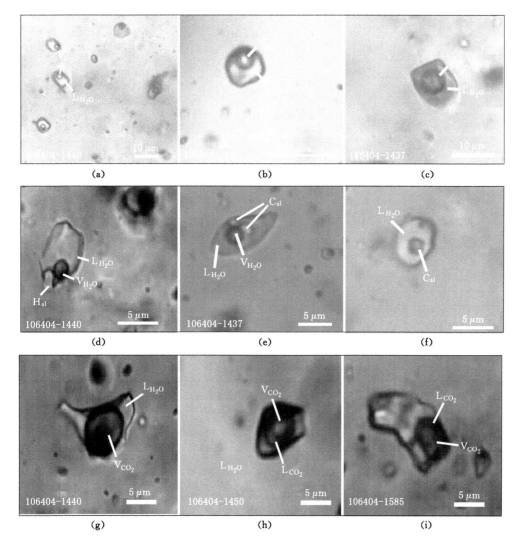

图 3-21　铜山矿床流体包裹体主要类型

同位素 $\delta^{34}S$ 在 $-0.1‰ \sim -1.2‰$ 之间,平均为 $-1.1‰$;1 件辉钼矿的硫同位素 $\delta^{34}S$ 为 $-0.9‰$。铜山矿床硫化物有较一致的硫同位素组成,总体指示岩浆硫的特征,即显示成矿物质硫元素来自深部的岩浆。

4. H-O 同位素特征

本次对几种脉系中的石英进行氢氧同位素分析,包括成矿早阶段的石英-钾长石-磁铁矿-黄铁矿-黄铜矿细脉、石英-钾长石-黄铜矿-磁铁矿脉,主成矿期的石英-黄铁矿-黄铜矿-辉钼矿脉、石英-黄铜矿脉、黄铜矿细脉。

成矿早阶段,石英-钾长石-磁铁矿-黄铜矿脉中石英 $\delta^{18}O$ 为 $9.8‰$,对应流体的 $\delta^{18}O$ 为 $3.19‰$,δD 为 $-66.3‰ \sim -88.4‰$。成矿主阶段石英-黄铜矿-辉钼矿脉中石英 $\delta^{18}O$ 为 $9.3‰ \sim 11.8‰$,对应流体的 $\delta^{18}O$ 为 $0.94‰ \sim 3.19‰$,δD 为 $-66.3‰ \sim -88.4‰$。成矿晚阶段石英-黄铁矿-黄铜矿-闪锌矿脉中石英 $\delta^{18}O$ 为 $10.8‰$,对应流体的 $\delta^{18}O$ 为 $-2.27‰$,δD 为 $-72.2‰$。蚀变晚阶段石英-方解石-绿泥石脉中石英 $\delta^{18}O$ 为 $10.4‰ \sim 11.4‰$,对应

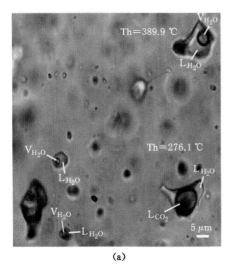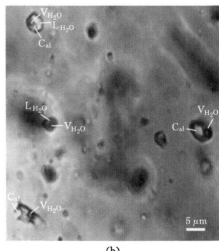

图 3-22　铜山矿床流体包裹体典型组合

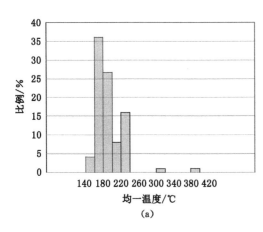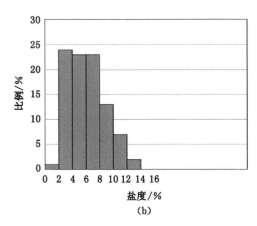

图 3-23　铜山 W 型(液相)流体包裹体温度和盐度直方图

流体的 $\delta^{18}O$ 为 $-3.2‰\sim-4.2‰$，δD 为 $-80.9‰\sim-93.3‰$。在流体 δD-$\delta^{18}O$ 关系图中显示出了岩浆水和大气水的混合(图 3-24)。

3.1.7　成矿时代

据本次研究,花岗闪长斑岩 LA-ICP-MS 锆石 U-Pb 年龄为(474.0±3.4) Ma。前人获得的花岗闪长斑岩的锆石 U-Pb 年龄为(474.8±4.7) Ma,成矿花岗闪长斑岩锆石U-Pb 年龄为(475.8±2.8) Ma。矿体辉钼矿的 Re-Os 模式年龄为(475.1±5.1) Ma、(475.9±7.9) Ma 和(473±4) Ma。

铜矿铜矿的成矿作用主要与含矿花岗闪长岩和花岗闪长斑岩有关,因此含矿花岗闪长岩和花岗闪长斑岩的测年数据大体可以代表成矿的年龄,结合前人测定的矿体辉钼矿Re-Os 年龄,综合显示铜山矿床形成于早-中奥陶世(478~473 Ma)。

3.1.8　矿床成因及成矿模式

铜山铜矿床矿体呈典型细脉浸染状、网脉状矿化,发育石英-钾长石脉、石英-磁铁矿脉、

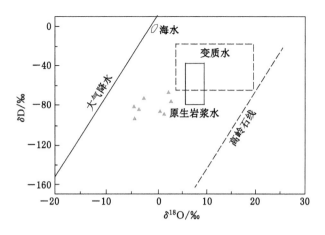

图 3-24　铜山铜矿床成矿流体 $\delta D\text{-}\delta^{18}O$ 关系图

钾长石-磁铁矿脉、石英-金属硫化物脉、绿帘石脉等多种脉系,多个剖面可划分出钾硅化、绢云母化、绢云母-伊利石-绿泥石化带、青磐岩化蚀变带,符合斑岩矿床蚀变及脉系、矿化特征,石英内流体包裹体均一温度为 $120\sim550\ ℃$,盐度为 $2\%\sim60\%$,符合斑岩型矿床流体特征。识别出的花岗闪长斑岩岩枝锆石 U-Pb 谐和年龄为 (474.1 ± 1.28) Ma,与成矿年龄一致,为钙碱性、准铝质、I 型花岗岩,推测是铜山矿床成矿斑岩体的分支。铜山矿床花岗闪长斑岩及围岩早古生代多宝山组安山岩、石英闪长岩具有俯冲环境下岩浆岩的地球化学特征,多数具有埃达克质特征。另外,铜山矿床含高氧化特征矿物磁铁矿,以石英-磁铁矿脉,钾长石-磁铁矿脉形式产出,反映铜山矿床为俯冲构造背景下的氧化型斑岩铜矿。

　　早奥陶世,多宝山地区中-深成岩体和浅成斑岩体沿北西-北西西向构造带侵位,多个携带成矿流体的斑岩、岩枝侵位导致蚀变和矿化,形成斑岩矿床、矿点,呈北西-北西西向分布。铜山斑岩矿床矿化和蚀变早期呈典型面状、筒状分布,由内而外为钠钙化、钾化、绢云母化、绢云母-伊利石-绿泥石化、青磐岩化,铜矿体主要分布在绢云母-伊利石-绿泥石化带,青磐岩化伴有金锌矿化。之后,北西-北西西向构造再次活动导致北东东向压扁作用,矿体被改造为北西西向纺锤形态。中晚三叠世之后,铜山断层铜山断裂切穿铜山斑岩铜矿床,错开铜山斑岩成矿系统较外围的蚀变带-青磐岩化带和绢云母-伊利石-绿泥化(中级泥化)带,切断矿化带,使得上下盘矿体叠置(图 3-25)。

3.2　争光金矿床

　　争光金矿床位于嫩江市罕达汽镇争光附近,距黑河市 270° 方向 160 km 处,距铜山铜矿床约 5 km。地理坐标为东经 125°53′00″,北纬 50°13′15″。

　　最早在 1991 年,黑龙江省地质局地球物理勘探大队在开展卧都河幅 1:20 万水系沉积物测量时,圈定了三处争光金矿床组合异常;2000 年,黑龙江省齐齐哈尔矿产勘查开发总院地勘院项目四部,对三处异常进行了分析和查证,通过地表槽探验证发现了金矿体;此后经过多年的不断勘查与勘探,2008 年黑龙江省齐齐哈尔矿产勘查开发总院提交《黑龙江省黑河市争光岩金矿勘探地质报告》,查明的金资源储量 23.04 t,工业矿体平均品位为 12.92 g/t,矿

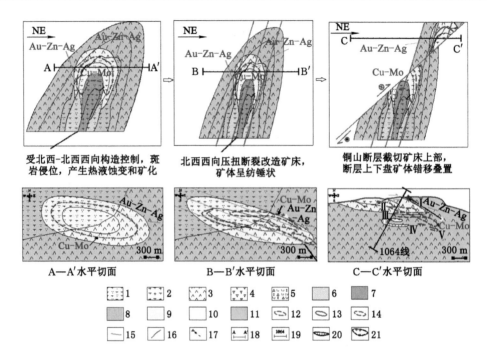

受北西-北西西向构造控制,斑岩侵位,产生热液蚀变和矿化

北西西向压扭断裂改造矿床,矿体呈纺锤状

铜山断层截切矿床上部,断层上下盘矿体错移叠置

A—A'水平切面   B—B'水平切面   C—C'水平切面

1—石英闪长岩;2—花岗闪长斑岩;3—安山岩及火山碎屑岩;4—火山角砾岩;5—含角砾凝灰岩;

6—钠钙化;7—钾化、钾硅化;8—强硅化;9—石英-绢云母化;10—石英-伊利石-绿泥石化;

11—绿泥石-绿帘石以及碳酸盐化或青磐岩化;12—铜钼矿体;13—铜山断层铜山断裂上盘矿体及编号;

14—铜山断层铜山断裂下盘矿体及编号;15—金锌银矿化;16—压扭性断层;

17—铜山断层铜山断裂上盘的运动方向和距离参考;18—水平断面及编号;19—勘探线及编号;

20—预测矿体(铜山断层铜山断裂下盘);21—预测成矿斑岩(铜山断层铜山断裂下盘)。

图 3-25 铜山斑岩铜矿床成矿及改造模型

床平均品位为 3.25 g/t,为大型金矿床。

3.2.1 区域地质特征

争光金矿床位于东乌珠穆沁旗-嫩江(中强挤压区)成矿带、多宝山岛弧成矿亚带内,其大地构造位置隶属于大兴安岭弧盆系、扎兰屯-多宝山岛弧。南部和西部发育有奥陶系的岛弧型海相火山-沉积建造,其中下-中奥陶统多宝山组以中基性火山岩为主,夹有细碎屑岩和碳酸盐岩,钼、铜等元素含量高,为区内的矿源层。中部、北部和东部发育的志留系为一套砂泥质沉积海相复理石建造,泥盆系为浅海相碎屑岩沉积夹碳酸盐岩、火山岩沉积。南部出露地层为下白垩统火山-沉积建造。

侵入岩有早-中奥陶世花岗闪长岩、早侏罗世闪长岩、中侏罗世二长花岗岩、早白垩世花岗闪长岩,脉岩有闪长玢岩脉。

该区域发育北西向褶皱,轴部为铜山组,两翼为多宝山组、黄花沟组。区内主要断裂构造为北西向三矿沟-多宝山-裸河深大断裂,东西向断裂控制花岗闪长岩,北东向断裂截断北西向断裂和早侏罗世闪长岩体。

3.2.2 矿区地质特征

1. 地层

争光金矿区内主要出露的地层为下-中奥陶统铜山组($O_{1-2}t$)的三段和多宝山组($O_{1-2}d$),其次为上奥陶统爱辉组(O_3a)、下志留统黄花沟组(S_1h)以及第四系全新统(Qh)。铜山组分布于矿区北部,岩性主要为石英粗砂岩、长石石英砂岩、凝灰质粉砂岩和安山质凝灰岩。黄花沟组和爱辉组分布在矿区东北角,黄花沟组以砂岩和砂质板岩为主,爱辉组主要为一套粉砂质板岩。多宝山组分布于全矿区,自下而上可分为三个岩性段,一段为安山-英安质火山角砾岩、熔岩及凝灰岩夹灰岩透镜体,顶部为沉凝灰岩,下部砂砾岩中含腕足碎片及三叶虫化石;二段主要为安山岩、火山角砾岩、安山质凝灰岩;三段为英安岩、英安质火山角砾岩、火山碎屑凝灰岩及流纹岩火山岩(图 3-26),为矿区主要的赋矿地层。

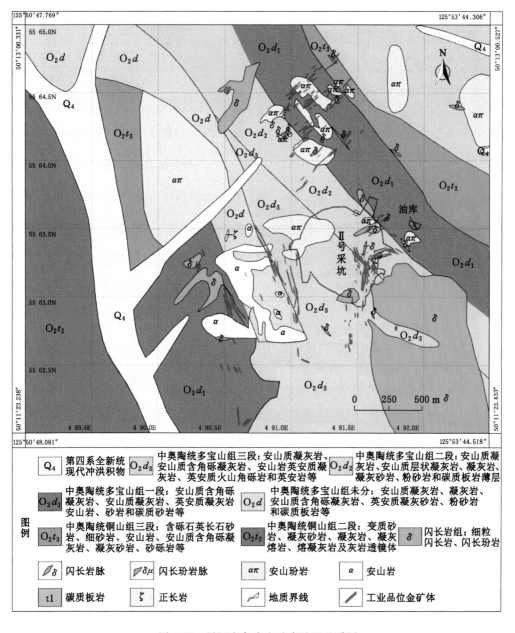

图 3-26　黑河市争光金矿床矿区地质图

2. 侵入岩

在矿区南部出露大量早侏罗世闪长岩,侵入多宝山组二、三段火山岩中。闪长岩地表风化后呈土黄色,以面状出露于矿区南部,有碳酸盐化和绿泥石化蚀变。区内大部分金矿体赋存在闪长岩与多宝山组的接触部位。

脉岩有闪长玢岩脉、细粒闪长岩脉、二长闪长岩脉(锆石 U-Pb 年龄为 478.8 Ma±5.8 Ma)、花岗闪长斑岩、正长斑岩脉、辉绿岩脉、云煌岩等(图 3-27),有部分金矿体赋存在闪长玢岩与多宝山组的接触部位,可见闪长岩和闪长玢岩均与金成矿有着密切的关系。

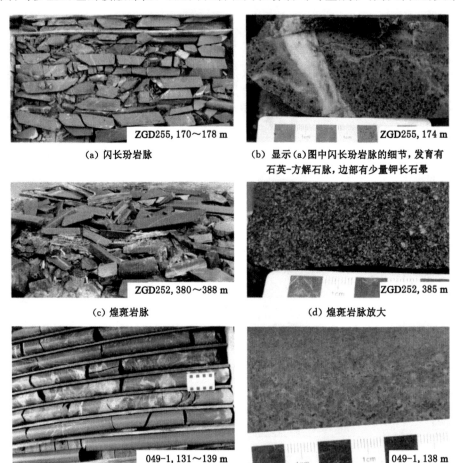

(a) 闪长玢岩脉 ZGD255, 170～178 m

(b) 显示(a)图中闪长玢岩脉的细节,发育有石英-方解石脉,边部有少量钾长石晕 ZGD255, 174 m

(c) 煌斑岩脉 ZGD252, 380～388 m

(d) 煌斑岩脉放大 ZGD252, 385 m

(e) 较新鲜的闪长玢岩脉侵入安山岩地层 049-1, 131～139 m

(f) 新鲜闪长玢岩放大 049-1, 138 m

图 3-27 黑河市争光金矿床矿区侵入岩

花岗闪长斑岩呈灰色到灰绿色,仅在Ⅰ号带南西端少量钻孔内浅部出现,呈脉状产出,相对新鲜,局部发生绿泥石化蚀变;斑状结构,斑晶以斜长石和石英为主,基质为石英和长石及少量暗色矿物。正长斑岩呈深灰色,斑状结构,仅在Ⅰ号带少量钻孔内浅部出现,斑晶以长石为主,不含石英斑晶,基质中主要为长石、石英和暗色矿物黑云母等。闪长玢岩在区内分布较普遍,地表风化后呈土黄色,Ⅰ号带剥离区内出露大量闪长玢岩,其走向有北东向、北北东向,通过穿插关系判断至少发育两期,仅发育绿泥石化和碳酸盐化蚀变。云煌岩在区内分布较少,仅在Ⅱ号带地表产出。此外在二号采坑地表和少量钻孔中发育热液角砾岩体,依据胶结物成分不同可以分为碳酸盐胶结角砾岩、石英-碳酸盐胶结角砾岩和绿帘胶结角砾岩。

在争光Ⅱ号矿带中可见石英硫化物脉穿切早期的细粒闪长岩脉,这两者又被闪长玢岩脉穿切(图3-8)。闪长玢岩锆石 U-Pb(LA-ICP-MS)加权平均年龄为(440.4±4.9) Ma,指示成矿时代通常早于 440 Ma。

图 3-28　争光Ⅱ号矿带岩脉穿切露头

3. 火山岩

区内出露的火山岩以多宝山期火山岩为主,岩性有熔岩、火山碎屑岩、火山碎屑-沉积岩、次火山岩(英安斑岩、石英斑岩)等;铜山组次之,熔岩较少,以火山碎屑岩、火山碎屑-沉积岩为主。对于古生代火山岩,通常在区域地质调查过程中主要进行地层划分对比,由于多发生区域变质和构造影响,褶皱断裂发育,火山机构很难恢复。

在争光Ⅰ号矿带发现了两种疑似的成矿母岩,分别是英安斑岩和石英斑岩,均产于争光金矿Ⅰ号矿带。

英安斑岩主要发现于争光金矿区北部Ⅰ号矿带钻孔 ZK058-8 中(281~323 m 以及600~644 m 段),局部发育绢云母-伊利石化[图3-29(a)(b)(c)];岩石发育斑状结构,斑晶含量约35%,粒径一般为 1~8 mm,其中主要为斜长石(29%)、石英(3%)和少量黑云母(3%)。其中,斜长石斑晶最大(2~8 mm),石英斑晶次之(1~5 mm),黑云母斑晶最小(1~2 mm);基质主要为细晶-隐晶质的长石和石英等。英安斑岩中局部发育有石英脉及褐铁矿细脉[图3-9(b)(c)]。

石英斑岩出露于争光矿区北部Ⅰ号矿带钻孔 ZK060-2 中(110~135 m)。该石英斑岩具有典型的斑状结构[图3-29(d)],斑晶含量约10%,主要为石英和较少的斜长石,粒径集中在 1~5 mm 之间。该岩石发育明显的绢云母化和伊利石化。

从该英安斑岩和石英斑岩的斑晶含量来看(前者明显多于后者),英安斑岩形成深度应该大于石英斑岩,钻孔中两种斑岩出露的深度从侧面证实英安斑岩的侵位深度比石英斑岩稍大。

本次研究获得的绢云母化英安斑岩锆石 U-Pb(LA-ICP-MS)年龄(480.3±2.1) Ma 与车合伟等(2015)采自同一位置同一岩性的 478~481 Ma 的年龄是一致的。① 矿体主要分布在英安斑岩上方不远处,二者显示出紧密的空间关系;②紧邻英安斑岩处发育较强的钾硅化,这暗示英安斑岩出溶的钾质成矿流体使附近的围岩发生较高温的钾长石化;③ 英安斑岩发生了较为强烈的绢云母化和伊利石化,二长闪长岩仅发生碳酸盐化和一些黏土化;④相邻地区相同深度也发现了同样的岩性,也伴有很强的绢云母化蚀变(>60%)。综合以

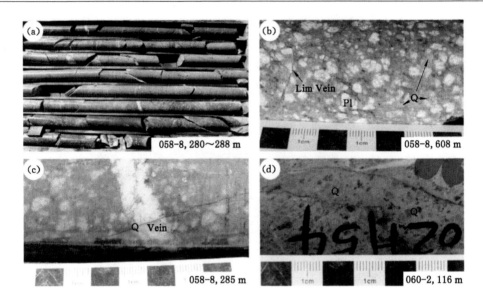

(a)(b)(c)—英安斑岩;(d)—石英斑岩。

图 3-29　争光金矿推测的成矿母岩

上证据,本研究认为争光金矿成矿岩体极有可能为英安斑岩,而非二长闪长岩,成矿年龄与英安斑岩岩脉年龄相近,应为 480 Ma 左右。争光英安斑岩与多宝山及铜山深部发育的花岗闪长斑岩年龄基本一致,且组成上非常接近,暗示它们可能为同一个中间岩浆房演化的产物。这也意味着 481~476 Ma 这一期岩浆活动是多宝山-铜山-争光成矿带上普遍发育的一期较大范围的岩浆活动,该期岩浆活动与斑岩 Cu 和浅成低温热液 Au-Zn 成矿作用关系密切。

4. 构造

争光金矿区发育褶皱和断裂等构造。褶皱为北西向背斜,轴部地层为铜山组,两翼为多宝山组、爱辉组和黄花沟组。断裂构造主要是三矿沟-多宝山-裸河北西向深大断裂南东端,该断裂带长约 35 km,宽约 20 km,断裂带由数条北西向断层、褶皱、韧性剪切带组成。区内出露两条规模较大的北西向断层,一条为多宝山组与铜山组接触界面,倾向北东,倾角55°,另一条分布在矿区中部,南东端被闪长岩岩体所截,表明断裂形成在岩体侵入之前。矿区内可见北东向断裂截切北西向断裂,并控制了金矿体的产出。

争光构造特征:按照变形机制来分,争光金矿区主要发育两种构造类型:脆性构造和韧性构造。脆性构造包括了断裂[图 3-30(a)(c)和图 3-31(i)]、劈理[图 3-31(a)(b)]、节理[图 3-30(b)]等;韧性构造包括中小褶皱[图 3-31(h)]、挤压透镜体[图 3-31(b)(c)(e)]及各种脉体的塑性弯曲和变形[图 3-31(d)(g)(j)]等。若按照构造作用力来源可划分为地壳运动所形成的"干构造"[图 3-30(a)(b)(c)]和流体或热液超压引起的"湿构造"[图 3-30(d)]。

争光金矿Ⅱ号矿带采坑中发育的断裂主要以压性断裂为主,发育高角度逆断层[图 3-30(a)]及伴生的挤压破劈理[图 3-31(a)(b)]。节理一般成组出现,多有共轭特征,即两组相互交切的节理近于同时形成,处于同一个应力体系中。共轭节理钝角的位置可以指示压应力方向。

韧性构造主要是一些小的揉皱、弯曲变形及角砾的压扁拉长。褶皱变形在铜山组凝灰质粉砂岩中尤为明显,图 3-31(f)和图 3-31(h)分别是变形前的水平层理构造和变形后的小褶皱。

图 3-30　争光金矿Ⅱ号矿带采坑中典型的地壳运动引起的构造及热液构造

争光构造与成矿的关系：争光金矿构造对成矿的作用因其与成矿相对的早晚而有着天壤之别。争光金矿成矿前或成矿期构造主要是一些有热液蚀变或脉体发育的断裂、节理及裂隙（图 3-30），其余大多为成矿后构造，对成矿主要是改造和破坏作用。比较清楚的成矿后构造使得脉体发生了揉皱、变形[图 3-31(d)(g)(j)]。

地表大量的构造热液脉的发育[图 3-30(c)和图 3-32]表明断裂构造对于热液活动的意义重大。这些断裂在近地表（小于 4 km）的地表层次形成，形成之后后期或近同期的成矿流体会优先沿着这些构造薄弱面或薄弱带运移，在地表更浅部由于流体能量的散失和温度的降低而发生沉淀，形成我们现在看到的构造热液脉。这些采坑广泛发育的构造热液脉以石英-褐铁矿-黄钾铁矾-高岭土-粉色不明矿物为主要组成。

在图 3-32 中，可以清楚地看到一条构造热液蚀变脉被一条后期的岩脉穿切，靠近可以观察到构造热液蚀变脉的具体组成及断层泥的发育。

图 3-33 显示了成矿早期或与成矿期近同时的断裂、破碎带、裂隙以及以粉砂岩层理构造为代表的原生成岩构造等都是成矿流体的通道，在这些地方流体流过，沉淀出硫化物和金，与此同时交代围岩，形成钾化、绢云母-伊利石化蚀变晕以及青磐岩化蚀变。

通过上述观察及分析可知，没有构造活动就不会有流体活动的场所，没有流体活动就不会有浅成低温热液矿床。

成矿构造与成矿结构面：成矿结构面指成矿作用过程中赋存矿体的显性或隐性存在的岩石物理及化学性质不连续面，大致分以下三种类型：① 原生成矿结构面；② 次生成矿结构面；③ 物理化学环境转换面。

经过详细的野外观察，发现铜山斑岩型铜矿受构造控制比较弱，矿区发育的许多构造包括铜山断层在内大多为成矿后构造，对成矿起改造和破坏作用。成矿前构造和成矿期构造主要为安山质凝灰岩等中性火山碎屑岩的层理构造、加里东期花岗闪长岩侵入到多宝山

图 3-31　争光金矿的脆性构造及韧性构造

组-铜山组地层中所产生的侵入构造以及热液活动产生的热液构造。所以在铜山Ⅰ号矿体露天采坑中我们看到许多近东西向的石英-黄铁矿-黄铜矿脉,基本是沿着中性火山碎屑岩的层理发育的。有时矿脉也会沿着早期的裂隙或者由热液压裂形成的不规则裂隙面发育。故铜山的成矿结构面以原生的中性火山碎屑岩的层理构造以及水压致裂的热液构造和少量早期先存的构造裂隙为主要类型。

　　而争光金矿的成矿构造中成矿前构造、成矿期构造以及成矿后构造都有发育。控矿构造为成矿前和成矿期断裂及伴生的小裂隙。含矿热液在遇到这些张性空间后压力下降发生沸腾,发生硫化物的卸载过程,形成石英-硫化物脉及纯硫化物脉。金和这些硫化物及石英一起沉淀在其中。因此争光的成矿结构面主要以断裂构造及伴生的张性裂隙为主,也有少量由热液活动形成的裂隙面。

3.2.3　矿体特征

　　争光金矿可分为五个矿带,分别为Ⅰ、Ⅱ、Ⅲ、Ⅳ号矿带以及大治矿带(图 3-6)。矿体以

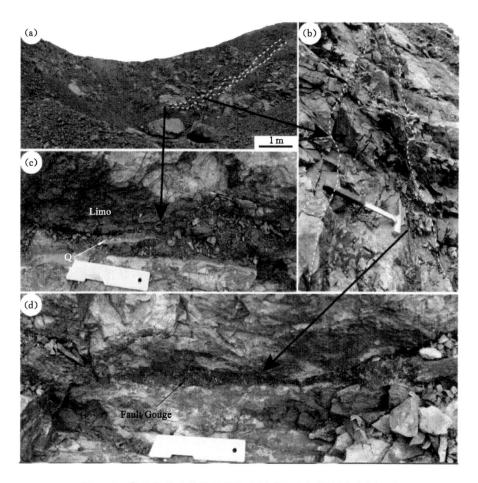

图 3-32　争光Ⅱ号矿带露天采坑中断裂构造与热液活动的关系

图 3-33　争光金矿钻孔中的构造与热液活动

脉状产出,受张性构造裂隙控制,呈现局部膨大收缩、分支复合、尖灭再现等特点。矿体倾向为北北西、北西和南西向;矿体倾角多集中为 $35°\sim50°$。

Ⅰ号矿带位于矿区的北西端,为北东走向;Ⅱ号矿带位于矿区的东南侧,由三组北东向、北西西、南北向矿体构成,呈"Y"字形展布;Ⅲ号矿带位于矿区的南西部,为东西走向;Ⅳ

号矿带位于矿区西部。Ⅱ号矿带规模最大。矿区主要赋矿围岩为安山岩、绿泥绢云板岩，少量为蚀变闪长岩。蚀变主要为硅化、绢云母化、伊利石化、地表褐铁矿化。

3.2.4 矿石特征

矿石自然类型按矿石氧化程度分为氧化矿和原生矿，氧化矿和原生矿的界限在地下 20 m 左右。氧化矿在Ⅱ号矿带地表最为发育。原生矿多在 20 m 以下的深部，含矿岩性多为多宝山组安山岩或凝灰岩，同时闪长玢岩和闪长岩也具有一定的矿化。

原生矿石结构主要有半自形晶粒状结构、他形粒状结构、交代残余结构、孤岛状结构、乳滴状结构、压碎结构，其次有自形晶粒状结构、斑状结构、骸晶结构、叶片状结构、格状结构、斑状压碎结构。构造主要有浸染状构造、细脉状构造，其次为块状构造、条带状构造，角砾状构造少见。

原生矿石金属矿物主要为黄铁矿、闪锌矿、方铅矿，其次为黄铜矿、辉铜矿、赤铁矿、黝铜矿，少量为毒砂、自然金、辉银矿、银金矿、自然银、斑铜矿（图 3-34）。

与金密切共生的矿物主要是黄铁矿、方铅矿和闪锌矿，尤其在金富集区方铅矿和闪锌矿含量高。非金属矿物主要为石英、斜长石、方解石、绢云母，其次为角闪石、钾长石、绿泥石、绿帘石。

3.2.5 蚀变分带

争光岩金矿围岩蚀变发育，主要包括钾化、硅化、绢云母化、伊利石化、高岭土化、地开石化、绿帘石化、斜黝帘石化（少量）、绿泥石化、碳酸盐化（图 3-35），蚀变组合类型包括钾硅化、绢英岩化、硅化-绿泥石化-碳酸盐化、黏土化、青磐岩化。

钾化有时以蚀变晕的形式发育于石英-硫化物脉的边部，有时也以石英-钾长石脉的形式产出，如图 3-35(a) 及图 3-35(b) 所示。硅化大多以脉状形式[图 3-35(b)(c)]产出，也有呈弥散状[图 3-35(d)]产出的。绢云母化和伊利石化多为蚀变晕形式产于硫化物脉或石英硫化物脉的两侧几厘米到几十厘米的范围内[图 3-35(e)]。高岭土和迪开石化主要发育于地表附近的闪长岩及闪长玢岩岩脉中，多宝山组安山岩及安山质凝灰岩也有少量发育。绿帘石化在争光金矿区十分发育，主要以弥散状、团块状[图 3-35(h)]以及脉状形式产出。争光最深的钻孔整孔都可见绿帘石化。绿帘石化有时单独存在，有时与绿泥石化、脉状碳酸盐岩一起构成青磐岩化组合蚀变。斜黝帘石化与绿帘石化关系密切，多以脉状形式与绿帘石和石英共同产出。绿泥石化蚀变多呈弥散状[图 3-35(i)]，也有少量呈脉状特征。碳酸盐化主要以脉状形式产出。

矿区内可划分两个蚀变带，即黄铁绢英岩化带和青磐岩化带（图 3-36）。

黄铁绢英岩化带：该带位于闪长岩与围岩接触带两侧，并以外带为主。在平面上为不规则的岛状体存在于青磐岩化带之中。在剖面上大体是与矿体和矿化带倾向一致的倾斜体。局部呈尖牙交错状与青磐岩化带渐变过渡。该带由黄铁矿化、绢云母化和石英化各类蚀变岩构成，但普遍也存在主成矿期后的碳酸盐化；绿泥石化分布不很普遍，绿帘石化较少。该带基本上控制了Ⅱ号矿带 80％～90％ 的矿体，与矿化密切相关。是寻找矿体和矿体群的直接标志。Ⅰ、Ⅲ矿带靠近矿体部位亦发育窄的黄铁绢英岩化带。总体上，争光围岩蚀变以中低温蚀变为主，表明流体温度较低。

青磐岩化带：在Ⅱ号矿带除黄铁绢英岩化带之外，小岩脉出露的外边界之内，岩石全部具青磐岩化。青磐岩化带存在的矿体数量很少，矿体规模亦小。这些小矿体主要集中在

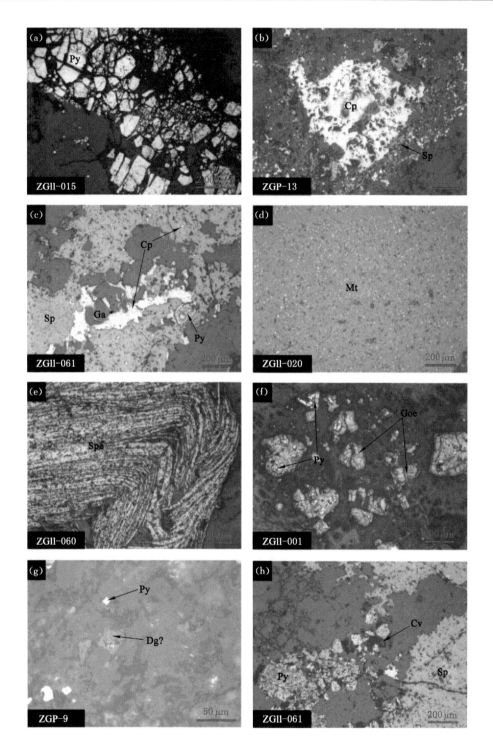

Py—黄铁矿；Cp—黄铜矿；Sp—闪锌矿；Ga—方铅矿；Mt—磁铁矿；

Spe—镜铁矿；Dg—蓝辉铜矿；Cv—铜蓝。

图 3-34　争光金矿金属矿物镜下特征

图 3-35　争光金矿热液蚀变及矿化特征

Ⅰ号矿带和Ⅱ号矿带黄铁绢云岩化带的外侧。

3.2.6　成矿物理化学条件

1. 争光金矿流体包裹体特征及测温

根据邓轲等(2013)对争光金矿流体包裹体的研究,他们将流体成矿作用划分为 4 个阶段:石英-黄铁矿阶段、石英-多金属硫化物阶段、方解石-石英-硫化物阶段、碳酸盐阶段。其中阶段 2 和 3 具有复杂的金属硫化物组合并含金,即黄铁矿-闪锌矿-方铅矿-黄铜矿±自然金。石英及方解石中流体包裹体类型单一,主要为气液两相水溶液包裹体,大小集中于 3～

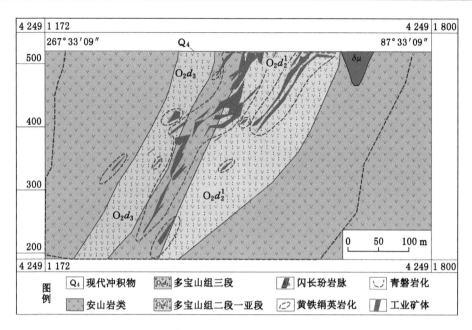

图 3-36　争光金矿 Ⅱ 号矿带蚀变分带剖面图

15 μm,气液相比集中于 5%～10%。包裹体均一温度介于 119～305 ℃之间,盐度集中于 0.3%～10.4% ,密度介于 0.76～0.99 g/cm³ 之间。从阶段 2 至阶段 4,流体均一温度由 150～220 ℃,经 140～190 ℃,降为 130～150 ℃。这些特征显示成矿流体总体属于低温、低盐度的大气降水热液。

本研究通过高倍偏光显微镜观察,发现流体包裹体以液相为主,并发育少量二氧化碳三相包裹体和纯气相包裹体(图 3-37),流体包裹体富含气相成分,以 H_2O 为主(平均 85.7%),其次为 CO_2(平均 9.0%)、H_2S(平均 0.7%)、N_2(平均 3.6%)。另外我们还观察到 CO_2 三相包裹体及疑似纯 CO_2 包裹体。通过包裹体镜下系统的观察,在含矿脉系中发现了二氧化碳三相包裹体及气液相包裹体并存的特征,这表明早期成矿流体具富 CO_2 特征并且发生了沸腾作用。

武子玉等(2006)通过氢、氧、铅同位素和流体包裹体测试,结合争光金矿床的地质、微量元素、稀土元素地球化学特征研究,认为争光金矿为低温热液矿床。

矿区含金石英脉氢氧同位素测试结果显示:$\delta^{18}O_{V-SMOW}$ 为 1.1‰～15.6‰,平均值为 10.1‰。δD 为 −63‰～−85‰,按 Clayton 等(1972)的公式(1 000 ln $\alpha = \delta^{18}O_{含水矿物} - \delta^{18}O_{水} = 3.38 \times 10^6 \times T^{-2} - 3.4$)计算获得的 $\delta^{18}O_{水}$ 为 −0.2‰～−7.0‰。在 δD-$\delta^{18}O$ 关系图上(图 3-38),本区 6 个样品投影点落在岩浆水、变质水与大气降水之间,靠近大气水一侧,与多宝山铜矿成矿流体相比,有更多的大气降水参与,这反映出了成矿流体混合流体特征。另外,主成矿阶段温度为 133～276 ℃。

综合上述流体包裹体低温(119～305 ℃)、低盐度(0.3%～10.4%)以及成矿流体的氢氧同位素特征(落在岩浆水和大气降水线之间),我们判断争光金矿为浅成低温热液矿床。

2. 硫同位素特征

武子玉等(2006)对本区矿石铅同位素组成进行了研究,其结果显示,在 $^{206}Pb/^{204}Pb$-

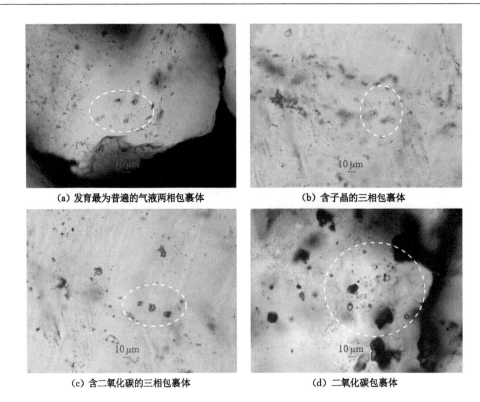

(a) 发育最为普遍的气液两相包裹体　　　　　(b) 含子晶的三相包裹体

(c) 含二氧化碳的三相包裹体　　　　　　　　(d) 二氧化碳包裹体

图 3-37　争光金矿流体包裹体的镜下特征

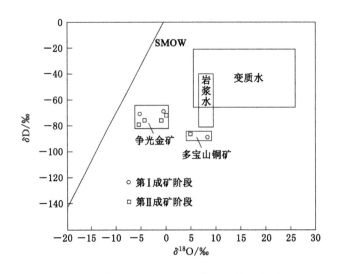

图 3-38　争光金矿床成矿流体 δD-$\delta^{18}O$ 关系图

$^{207}Pb/^{204}Pb$、$^{206}Pb/^{204}Pb$-$^{208}Pb/^{204}Pb$ 两个图解中，数据投影点一组介于造山带与下地壳铅演化线之间，沿造山带和地幔铅演化线分布，说明其兼具地幔铅与造山带铅的双重特征。另一组表明成矿物质主要来源于地幔并有不同程度的地壳物质加入，反映地壳和地幔的混合趋势，从而表明岩浆上升过程中对地壳围岩的同化作用，以及岩浆流体和地下水对基底和盖层岩石中金属物质的萃取作用，为成矿作用提供了种种可能。

3.2.7　成矿时代

争光金矿成矿年龄,还存在较大争议,主要存在两个观点。第一个观点是,赵元艺等(2011)、邓轲等(2013)根据争光金矿的矿化特征、地质体特征及其外围地质特征的对比,认为争光金矿成矿作用与矿区内发育的闪长岩有关,其主要依据是与成矿关系密切的石英闪长岩 K-Ar 年龄为 182 Ma,锆石 U-Pb 年龄为 186 Ma,因此认为争光金矿形成于早侏罗世。第二个观点是,宋国学(2015)及李运等(2016)对矿区内发育的多种脉体进行了锆石测年以及辉钼矿 Re-Os 同位素测年,获得了年龄基本大于 450 Ma,认为争光金矿、多宝山铜矿和铜山铜矿同形成于早古生代(480~454 Ma),是一个成矿体系,同时李运等(2016)对被金矿脉切断的闪长岩脉进行了单颗粒 U-Pb 锆石测年,年龄为(150.67±0.77) Ma,代表了燕山期一期成矿作用。综合分析认为争光金矿有可能最少存在两期成矿作用叠加,早期加里东期发生了一次成矿作用,发生了一次早期成矿物质活化,后期燕山期又发生了一次成矿作用叠加,从而导致了争光金矿存在了加里东期和燕山期成矿年龄。

3.2.8　矿床成因及成矿模式

争光金矿属于中低温热液型矿床,其成矿地质体一般为中酸性侵入体。从岩体出溶的热液沿成矿构造运移,在成矿结构面中温度降低、压力降低、与大气降水等外来流体混合等作用使含金络合物分解、沉淀形成矿石。其中当含矿流体从一个较为封闭的环境中突然进入一个扩容环境,由于压力骤降,会发生含矿流体的沸腾,一部分金属离子进入沸腾的气相,另一部分金属离子保留在原来的液相中,而且很快会发生沉淀。由于含矿流体中一般二氧化硅胶体较多,从而在温度降低扩容环境下与其他一些矿体包括闪锌矿、黄铁矿、黄铜矿、方铅矿以及自然金等一起充填形成充填脉状体。沸腾的气相偏酸性,在沿着构造通道上升的过程中会与安山质围岩发生中和,产生酸性蚀变,比如伊利石-绢云母化以及少量高岭石和迪开石化。其沉淀机制以热液充填为主,常见充填和交代、充填和混合同时发生。

目前观察到的争光金矿的特征包括:① 金属矿物组合为黄铁矿-闪锌矿±黄铜矿±方铅矿±黝铜矿;② 低铁闪锌矿发育;③ 围岩以多宝山组安山岩类为主。④ 蚀变矿物以绢云母、石英、绿帘石为主,少量为伊利石,并普遍发育碳酸盐脉石,未发现冰长石和明矾石;⑤ 主要金属元素为 Au-Ag-Zn-Cu-Pb;⑥ 局部发育碲金银矿和碲银矿。

这些特征都与中硫化浅成低温热液矿床的特征非常相似。综合矿化特征、蚀变特征、分布的大地构造位置、可能的成矿时代(与多宝山铜矿和铜山铜矿基本同期),本研究认为争光金矿是一个形成于早古生代中亚造山带东段的与古亚洲洋的闭合俯冲有关的岛弧之上的一个中硫化浅成低温热液矿床(图 3-39)。

3.3　三道湾子金矿床

三道湾子金矿床位于黑龙江黑河市北西方向 50 km,三道湾子村疙瘩沟北山,地理坐标为东经 127°00′00″、北纬 50°21′55″。该矿床最早是由黑龙江省地质调查研究总院齐齐哈尔分院在 1996—1999 年开展的 1∶5 万达音卢等四幅区域地质调查中发现的,即在疙瘩沟北坡发现了含金石英脉转石和露头,确定了该处的找矿线索;2000—2005 年,黑龙江省地质调查研究总院齐齐哈尔分院在本区系统开展了岩金找矿工作,发现了金矿体,圈定出 40 条矿体,2004 年 6 月,提交了《黑龙江省黑河市三道湾子岩金矿I、III号矿带详查报告》,提交金资源

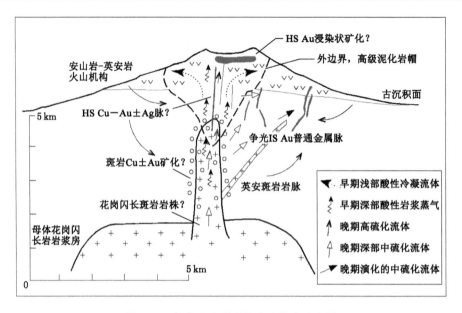

图 3-39　争光金矿形成的成矿模式示意图

储量 111b 级 5.171 t,平均品位 10.15 g/t;提交伴生银储量 14 t,平均品位 69.45 g/t。2005年,黑龙江省地质矿产勘查开发局和福建天保集团合作,组建三道湾子金矿有限公司。2006 年初,矿山投入试开采,2007 年,矿山正式进行开采运营。该矿目前富矿段已基本采完。需要说明的是该矿在开拓生产巷道时,先后发现了两个富矿囊,虽然富矿囊规模不大,但含金品位极高,最高超过 10 000 g/t,因此矿床储量增加了近 10 t。截至 2013 年年底,在三道湾子矿区 $I_2+I_3+I_4+I_5+III_1$ 矿体及 I_2 矿体富矿段共求得金资源储量(122b+333)20.127 9 t,伴生银资源储量(122b+333)114.881 t,伴生碲资源量(333)29.644 1 t,金矿床规模已达大型。

3.3.1　区域地质特征

黑河市三道湾子金矿床位于东乌珠穆沁旗-嫩江成矿带、多宝山成矿亚带内,其大地构造位置位于剌尔滨河岩浆弧与嫩江-黑河构造混杂岩带的接合部。

区内西侧桦树排子-新生一带发育有奥陶系海相碎屑岩建造、志留系砂泥质沉积海相复理石建造;北侧傲山一带出露奥陶系至下志留统北宽河岩组一套浅变质的细碎屑岩夹中酸性火山岩组合,泥盆系浅海相碎屑岩沉积夹碳酸盐岩、火山岩沉积;中部达音卢北出露晚石炭-早二叠世发育的陆相碎屑岩及酸性火山岩建造;东侧山神府-白石砬子出露下白垩统陆相中基性-酸性火山岩和火山碎屑岩,并伴有热液活动,多形成热液型金矿床和陆相火山-次火山岩型金矿床。沿黑龙江右岸发育新近系、中-上更新统和全新统沉积岩。侵入岩出露在南、西、北部,有早石炭世二长花岗岩、晚石炭世二长花岗岩-碱长花岗岩,早侏罗世闪长岩-花岗闪长岩-二长花岗岩,中侏罗世石英闪长岩-英云闪长岩-花岗闪长岩-二长花岗岩,早白垩世二长花岗岩-碱长花岗岩。脉岩有花岗斑岩脉、闪长岩脉、流纹岩脉、安山岩脉、英安岩脉等。

区域上断裂构造发育(图 3-40)。主要构造线方向有北东向、北西向和近东西向,控制了工作区内沉积作用、岩浆活动及成矿作用。新构造运动以垂向升降为主,发育有阶地、夷平面、高漫滩等,并有继承性活动特点。

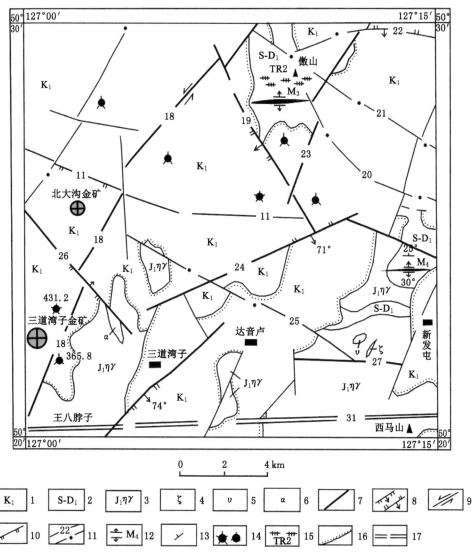

1—龙江组与光华组;2—泥鳅河组与根里河组;3—早侏罗世二长花岗岩;4—英安岩脉;
5—角闪辉长岩脉;6—安山岩脉;7—区域性大断裂;8—正断层、逆断层;9—平移断层;
10—张断层;11—一般断层及编号、航卫片解译断层;12—复背斜及编号;13—产状;
14—解剖、实测火山口;15—挤压破碎带及编号;16—不整合地质界线;17—隐伏断裂。

图 3-40　三道湾子矿田构造纲要略图

三道湾子金矿床位于 NE 向断裂与近 EW 向构造交会处,但矿床多富集于 NW 向张裂隙之中,明显受 NE、NNE 向 F_{18} 左行平移断裂控制。北大沟区金矿床主要受 F_{18}、F_{26} 断层控制,矿体赋存于 NW 向次级张裂隙中。

燕山早期陆内收缩挤压及燕山中晚期 NE 向火山岩带的活动,对研究区金属矿产尤其是金的富集成矿极为有利。水系沉积物、土壤异常围绕火山机构呈环状分布,反映出火山口附近有关的环状或放射状断裂的存在,因此该区也是寻找裂隙充填型、潜火山型及火山通道型矿床理想的场所。

3.3.2　矿区地质特征

1. 地层

三道湾子金矿床赋存在下白垩统龙江组（K_1l）内,大面积分布在矿区中西部,主要岩性为粗面安山岩、粗安质火山角砾岩、安山岩、安山质自碎角砾岩、安山质火山角砾岩、含角砾岩屑晶屑凝灰岩、角砾熔岩等;赋矿岩石为粗面安山岩、粗安质火山角砾岩及英安岩（详见图 3-41）。

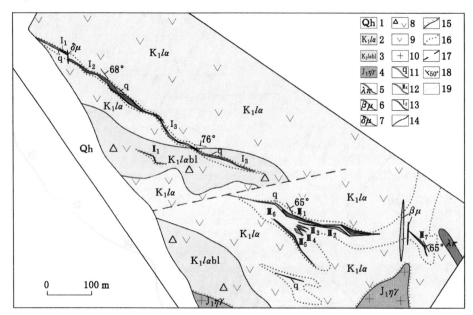

1—第四系松散沉积物;2—下白垩统龙江组安山岩;3—下白垩统龙江组安山质火山角砾岩;
4—早侏罗世二长花岗岩;5—流纹斑岩;6—辉绿玢岩;7—闪长玢岩;8—安山质火山角砾岩;
9—安山岩;10—二长花岗岩;11—石英脉;12—低品位矿体;13—工业品位矿体;14—地质界线;
15—不整合界线;16—蚀变带界线;17—推断断裂;18—矿体产状;19—河流。

图 3-41　三道湾子金矿床地质图

下白垩统光华组（K_1gn）覆盖于龙江组之上,分布在矿区东侧,岩性为流纹质含角砾凝灰岩、流纹质火山角砾岩、流纹质凝灰岩、英安岩、流纹岩等。西侧有少量第四系全新统低河漫滩冲洪积层（Qh）松散砂砾石、砂及亚黏土。

2. 侵入岩

矿区南处出露大面积早侏罗世中细粒二长花岗岩（$J_1\eta\gamma$）,岩体呈北东向不规则岩席状产出;还有少量矿区外北大沟金矿区出露早白垩世细粒花岗闪长岩（$K_1\gamma\delta$）。

中细粒二长花岗岩（$J_1\eta\gamma$）:岩石呈灰白色,中细粒花岗结构,块状构造。矿物粒径为 0.2～5 mm,主要矿物为钾长石（40%）、斜长石（30%）、石英（20%）,次要矿物有角闪石和黑云母（二者约占 10%）。部分斜长石绿泥石化成灰绿色。岩芯表面见碳酸盐化,呈网脉状发育。黄铁矿化发育,呈星点状分布于岩芯表面及裂隙中,自形程度较好,可见立方体颗粒。其锆石 U-Pb 同位素年龄值为（183.1±1.8）Ma,时代为早侏罗世。

早白垩世细粒花岗闪长岩（$K_1\gamma\delta$）:岩石呈灰色,细中粒花岗结构,块状构造,粒度 0.2～

5.0 mm,中粒矿物占 60%～70%。主要矿物为斜长石(43%)、角闪石(10%),次要矿物有黑云母(7%)、钾长石(20%)、石英(20%)。斜长石为灰白色,多呈长板状、粒状;角闪石为灰黑色长柱状;钾长石呈肉红色,宽板状、粒状;石英无色透明,它形粒状;黑云母为绿黑色,片状。岩石中黄铁矿普遍发育,呈星点状、脉状,结晶程度较差。其两件样品锆石 U-Pb 同位素年龄值为(123.8±1.3) Ma 至(115.7±1.3) Ma,时代为早白垩世。

脉岩有辉绿玢岩($\beta\mu$)、闪长玢岩($\delta\mu$)等,岩石较新鲜,无蚀变,穿切于龙江期火山岩中,属成矿期后脉岩,对矿体有一定的破坏作用。

闪长玢岩($\delta\mu$):分布在矿区西部早白垩世龙江组(K_1l)粗面安山岩中。岩石呈深灰色、斑状结构,基质为微晶结构。斑晶以斜长石为主,少量为辉石、角闪石。其锆石 U-Pb 测年结果为(113±2) Ma,时代为早白垩世。宏观上穿切矿体,为成矿期后脉岩。

3. 火山岩

火山岩形成年代主要为早白垩世龙江期、光华期,以熔岩、火山碎屑岩为主。

(1) 岩性特征

安山岩(K_1l):岩石呈灰色、斑状结构、块状构造,基质为交织结构。岩石由斑晶(约30%)和基质(约70%)组成。斑晶以斜长石为主,角闪石、黑云母含量较少,偶尔见单斜辉石。其中,斜长石为自形、长板状,大小多在 0.5～2 mm 之间,发育有聚片双晶,有时可见环带结构,含量约占斑晶总量的 60%;角闪石呈褐黄色,横断面为菱形,具暗色反应边,大小0.35～0.7 mm,含量约占斑晶总量的 30%;黑云母呈灰黑色,片状,含量较少;单斜辉石为二级蓝绿,斜消光,大小在 0.4～2 mm 之间。基质含量占 70%,基质中斜长石为自形长板状且呈集合体定向分布,钠长双晶和简单双晶;角闪石,粒状暗化后呈板条状铁质集合体,大小为 0.01 mm 左右;磁铁矿,粒状部分变成褐铁矿,粒径为 0.01 mm 左右,少量粒状磁铁矿,大小为 0.2 mm 左右,稀疏浸染分布在基质中(图 3-42)。

图 3-42　三道湾子矿区龙江组安山岩宏观和镜下特征

安山质(含集块)火山角砾岩(K_1l):岩石新鲜面为灰色,火山角砾结构,块状构造,角砾岩中包含大小不一的火山弹,大者可达 0.5 m×1 m(集块),呈棱角状、浑圆状、枕状及其他不规则形状。镜下为火山角砾结构,岩石由火山角砾和胶结物组成。角砾为安山岩角砾,角砾呈灰绿色、深灰色等,呈次棱角至次圆状,胶结物由岩屑、晶屑及火山灰组成。岩屑成分为安山岩,晶屑为斜长石、暗化的角闪石,大小为 0.1～0.5 mm,含量约为 1%。火山灰为隐晶质(图 3-43)。

英安岩(K_1gn):颜色为灰色,斑状结构,块状构造,岩石主要由斑晶(约 50%)、基质(约

图 3-43   三道湾子矿区龙江组安山质（含集块）火山角砾岩露头及岩心特征

50%）等组成。其中斑晶成分主要为斜长石、角闪石、黑云母及少量石英等。斜长石为灰白色，长板状、粒状等，聚片双晶纹细密，斑晶中含量约占 60%；角闪石多呈灰黑色，长柱状、粒状等，大小多在 1～3 mm 之间，有的可见绿泥石化，含量约为 15%；黑云母为片状，褐色，含量 1%；石英为无色透明，它形粒状，镜下可见波状消光，含量较少。基质：灰白色隐晶质。

英安质火山角砾岩（K_1gn）：岩石呈浅灰色，角砾状结构。由角砾（65%）、岩屑（20%）、晶屑（5%）、火山灰尘（10%）等组成。角砾为英安岩，大小不一，半棱角状。岩屑为英安岩。晶屑为斜长石（3%）、角闪石（2%）、黑云母（1%），皆呈粒状碎屑状，角闪石、黑云母均已暗化。火山灰尘为极细小的英安质火山灰和少量石英，填隙分布在上述碎屑间隙中。

（2）火山岩相及火山构造

龙江期火山活动以中心式、裂隙式火山喷发为主，岩相为喷溢相和爆发相，以喷溢相为主。在矿区附近有龙江期古火山口，环状火山机构发育良好，爆发相位于火山口附近，呈环带状围绕火山中心分布。光华期火山机构主要为中心式，以爆发空落相及喷溢相为主。

构造属山神庙-张地营子火山构造盆地，受北东向火山基底断裂控制，火山机构及火山岩分布呈北东向展布，发育裂隙式火山、层状火山、锥状火山、盾状火山。

脉岩流纹（石英）斑岩（λπ），均侵入龙江组粗面安山岩中，为成矿期后脉岩。

4. 构造

三道湾子金矿位于古生代伸展构造期形成的东西向隐伏深大断裂与晚燕山期脆性断裂构造期形成的北东向深大断裂交会处西缘。受燕山期北北西-南南东向的挤压作用影响，发生区域脆性断裂事件，控制了大范围的火山喷发活动，与北东向配套生成的北西向构造则继承和改造了东西向构造，形成了很多北西向张裂带，矿区含金石英脉即充填于带内的次级裂隙中。除主要发育的北西向断裂之外，还形成了一系列北北西和近南北向断裂（图 3-44）。北西向断裂控制着矿化带和矿体的分布，北北西向断裂和近南北向断裂表现为成矿后断裂，具体表现为成矿后对矿体的改造。

（1）成矿期前构造

疙瘩沟断裂（F_1）：该断裂是一条沟谷断裂，为法别拉河断裂的一条分支断裂，长度约 7 km，尖灭于龙江组安山岩中，两侧以分布早白垩世龙江期安山质火山岩为主，在其上游仅见少量早白垩世光华期中酸性火山岩。在该断裂中部可见闪长玢岩侵入安山岩（图 3-45），靠近闪长玢岩与安山岩界线处于安山岩一侧发育烘烤边，于闪长玢岩一侧发育气孔杏仁状构造，且越靠近边部，气孔和杏仁粒度越小，含量越高，大小在 1～3 mm 之间，离边部越远，

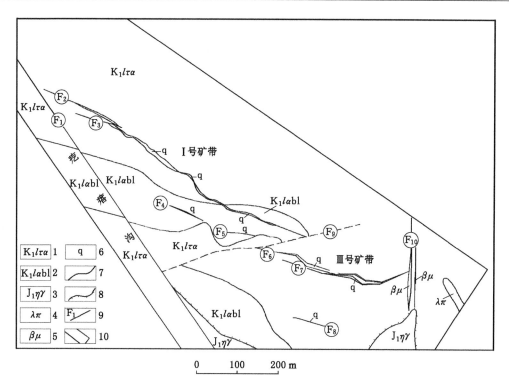

1—下白垩统龙江组安山岩；2—下白垩统龙江组安山质火山角砾岩；3—早侏罗世二长花岗岩；

4—流纹斑岩；5—辉绿玢岩；6-石英脉；7—地质界线；8—不整合界线；9—断裂及编号；10—工作区。

图 3-44　三道湾子矿区构造纲要图

气孔、杏仁体越大，大小为 3～7 mm，含量明显减少（图 3-45A）；在闪长玢岩脉的中部，气孔杏仁明显拉长且具定向构造（图 3-45B）；受疙瘩沟断裂影响，安山岩中发育密集的剪节理（图 3-45C），测得一组共轭剪节理产状为 149°∠66°和 62°∠55°，所做应力椭球表明其受力方向为 NNW-SSE。该沟谷断裂侧列分支断裂显示其具有张扭性的特点。

图 3-45　三道湾子矿区疙瘩沟断裂中部露头素描图

（2）成矿期构造

成矿期构造主要为 F_2、F_3、F_4、F_5、F_6、F_7、F_8，这些断裂大体平行排布，成群出现，走向为

290°~320°,倾向北东,倾角为50°~70°;在空间上相距不远,地表呈波状起伏,平面形态上略呈反"S"形,具有左行斜列的分布特征,长120~560 m,宽1~10 m,含金石英脉充填其中,反映出容矿断裂呈羽状展布的特点。已知的含金石英脉均为北西向,该带中见有多条含金石英脉、金矿体和矿化蚀变带,为重要的导矿和容矿构造。

在 I_2 矿体北西端 D9008 人工露头(图3-46)中可见石英脉矿体(宽2~3 m),两侧产状分别为52°∠67°和51°∠63°,倾向北东,石英脉矿体中可见强黏土化强硅化的围岩"角砾"(图3-46A),断层面凹凸不平,具有张性断层特点,暗示成矿热液沿NW向张性裂隙贯入并形成石英脉型金矿体。位于其西南侧发育一条与矿体近平行的断层 F_1,产状为63°∠52°,断层破碎带宽为10~30 cm,几乎均由石英脉充填,并见多条与该断裂近平行的石英细脉(图3-46B),产状为54°~59°∠46°~57°,断层 F_1 与 F_2 的截切关系以及断层面附近发育的张节理与该断层面的交切关系证实了其性质为正断层,这些现象表明成矿期矿区附近存在一系列NW走向的张性裂隙,为成矿期热液提供了容矿空间。F_2 断层破碎带宽为5~15 cm,均由灰绿色断层泥组成,产状为139°∠52°,从露头中断层特征看,具有压性断层特征,主压应力方向为NNW-SSE,表明露头中发育的剪节理与矿体充填的NW向张裂隙及断层 F_1、F_2 是在统一的应力场下形成的。该构造点位置相当于 F_2 断层的北西端。

(3)成矿期后断裂

矿区内存在两条张扭性质的成矿期后断裂(断层 F_9、F_{10})。

断层 F_9 发育在Ⅰ号和Ⅲ号矿脉之间,是一条NNW向的破矿构造,断裂破碎带宽约2.2 m,产状为253°∠70°。明显切割下白垩统龙江组的粗安质火山角砾岩和北西向矿化蚀变带,造成地层和矿化蚀变带右旋平移,将Ⅰ号和Ⅲ号矿脉错断,Ⅲ号矿脉处于正断层的下盘,下盘相对上升、遭受剥蚀,较深部矿体出露,Ⅰ号脉位于下降盘,出露剥蚀程度小,所以正如勘查到的,Ⅲ号矿脉纵向延伸远小于Ⅰ号矿脉。

F_{10} 断裂呈南北方向展布,辉绿玢岩脉充填其中,限制了 $Ⅲ_1$ 矿体的向东延伸、$Ⅲ_7$ 矿体的向西延伸,同时对含矿石英脉体进行了破坏。

3.3.3 矿体特征

三道湾子岩金矿矿体受北西向张性断裂控制,石英脉为金矿载体,也是成矿地质体。其次为硅化安山岩。矿体形态以脉状、透镜状为主,沿走向和倾向有膨胀和狭缩现象,产状总体呈北西-南东走向,倾向北东,矿体北西端向西侧伏。

根据矿体圈定原则,以金矿石品位为依据划分出低品位矿体(Au含量为1.0~3.0 g/t)、工业品位矿体(Au含量为3.0~64.0 g/t)和工业品位富矿体(Au≥64.0 g/t),在三道湾子矿区圈定出Ⅰ、Ⅱ、Ⅲ号三条矿带,共圈出金矿体42条,其中盲矿体21条。

Ⅰ号金矿带与Ⅰ号石英脉在空间位置上基本一致,水平长度510 m,总体走向310°,倾向北东,倾角53°~77°,宽度2.00~12.00 m(平均宽4.50 m),沿走向和倾向都有膨胀和狭缩现象。矿体均赋存于下白垩统龙江组粗面安山岩、粗安质火山角砾岩中,金的载体主要为石英脉。I_2 矿体为Ⅰ号矿带中主矿体,形态呈脉状,以NW-SE走向延伸呈锯齿状,向W侧伏,倾向40°,倾角58°~77°。矿体地表出露长度为212.6 m,最大延深180 m,深部有分支,水平厚度0.81~14.30 m(平均6.06 m)。矿体品位变化较大(1.13~84.58 g/t),平均品位为8.03 g/t。

在 I_2 矿体地表至210 m标高、170~90 m标高范围内圈出了两处高品位富矿段,单独

图 3-46　三道湾子矿区人工露头 D9008 中的矿体及断层特征

圈出了 I_2F_1 和 I_2F_2 两条富矿体。高品位富矿体包裹在一般品位矿体中间。

I_2F_1 富金矿体呈扁豆状，规模较小；产状与 I_2 矿体主体部分一致，走向北西，倾向北东，向西侧伏，侧伏角 38°。I_2F_1 富矿体顶端出露地表，长度 15 m，最大水平厚度 1.93 m，最小水平厚度 0.89 m，平均 1.34 m；最高品位 543.32 g/t，最低品位 76.91 g/t，平均品位 214.45 g/t。

I_2F_2 富金矿体呈透镜状，规模大于 I_2F_1；产状与 I_2 矿体主体部分一致，走向北西，倾向北东。I_2F_2 富矿体为盲矿体，长度 144 m，最大水平厚度 4.70 m，最小水平厚度 0.87 m，平均 2.15 m。最高品位大于 20 000.0 g/t，最低 30.61 g/t，平均品位 324.16 g/t。

II 号矿带位于 I 号矿带南 60.0 m，产状与 I 号矿带基本相同，走向上呈追踪张形态，断续分布，地表矿带长度约 210.0 m，平均宽度 0.56 m。

III 号金矿带地表出露长度 400.0 m，平均宽度 70.0 m，赋存于龙江组安山岩中，受一组雁行斜列式张性断裂控制，矿带空间分布与石英脉基本一致，载矿岩石主要为石英脉，少量硅化安山岩。矿带由 15 条金矿体组成，III₁ 矿体为 III 号矿带中的主矿体，呈脉状，走向上呈波状弯曲,延伸长度 230 m,水平厚度 0.97~11.30 m(平均 3.81 m),延深大于 60 m,走向产状变化较大,主体呈 NW-SE 向,倾向 15°,倾角 45°~72.5°,矿体向深部延伸局部地段产状变缓。矿体品位 0.43~254.72 g/t,变化较大,平均品位 14.15 g/t。

三道湾子金矿床矿体均具有侧伏现象(图 3-47 至图 3-48),侧伏方向为 NW,矿体在形成过程中,成矿物质是从深部向上部且由西向东运移的。由于矿体的侧伏现象,地表出露矿体比实际矿体规模小得多,增加了找矿的难度,但是给出了很大的启示,对找到大型矿床具有一定的指导意义。

3.3.4 矿石特征

三道湾子金矿矿石工业类型比较简单,为含金石英脉型中的石英单脉型、石英网脉型及复脉带型,局部为含金蚀变火山岩型。其矿石工业类型按有益元素类别宜划分为高硅低硫型银金矿石。

矿石具有粒状结构、包含结构、乳滴结构、固溶体分离结构、环带结构等(图 3-49);具块状、脉状、浸染状、条带状、显微细脉浸染状、梳状、晶簇状及角砾状构造(图 3-50)。

矿石中金属矿物主要有黄铁矿、磁铁矿、赤铁矿、黄铜矿、闪锌矿、方铅矿、毒砂、自然金、银金矿、辉银矿和自然银;金银主要以碲化物的形式存在,包括碲金矿、斜方碲金矿、针碲金银矿、碲金银矿、碲银矿、六方碲银矿等,与之共生的碲化物还有碲铅矿和碲汞矿。脉石矿物有石英、长石、高岭石、绢云母、绿泥石和方解石等。

3.3.5 蚀变分带

围岩蚀变主要见有硅化、黄铁矿化、绢云母化、高岭土化、绿泥石化、绿帘石化和碳酸盐化。三道湾子矿区 I 号矿带钻孔岩心中还见萤石化。

硅化:见于石英脉两侧安山岩、安山质角砾岩中。呈脉状、网脉状、细脉状及晶簇状,沿围岩裂隙进行充填和交代。硅化有三期,第一期为灰白色、深灰色至黑灰色硅质脉,多被后期的石英脉穿切呈角砾状,主要成分为石英;角砾大小不等,多在 1~5 cm 之间,呈次棱角状,一般与后期石英脉的界线较清晰。第二期为深灰色至黑灰色石英脉,该期石英脉规模较大,在地表工程、坑探工程、钻探工程中均清晰可见,脉宽窄不一,多在 0.1~5 m 之间,成分主要由微晶至 2 mm 左右的石英颗粒组成,该期石英脉处于主成矿期,深部富含有碲化物,构成了 I、II、III 号矿带中含金石英脉的主体。第三期为白色至无色石英细脉至微细脉,该期石英脉规模较小,但脉壁较清晰,脉宽多在 0.5~2 cm 之间,成分主要为微细粒石英,在坑探、钻探工程中均清晰可见后期形成的白色石英细脉穿切第一期石英细脉及第二期灰色主石英脉的现象。金矿化与硅化关系密切,硅化强烈的地段矿化较好。

黄铁矿化:见有两期,较早一期主要见于安山岩、安山质火山角砾岩及石英脉中,呈黄白色,星点状、浸染状产出,晶形多呈自形、半自形、正方形、不完整粒状,反光显微镜下双反射多色性未见,均质内反射不显,具麻面、高硬度,粒度一般为 0.01~0.2 mm,少数为 0.2~0.8 mm,个别颗粒大者见骸晶结构。较晚一期见于石英脉中,颗粒细小,含量较少,多呈半自形粒状、它形粒状,反射率较前者偏高。含量一般为 3%~5%。

绢云母化、高岭土化主要发育在蚀变带安山岩中,蚀变使岩石颜色变浅,镜下可见到新生成的细小绢云母、蒙脱石、高岭石交代长石等造岩矿物。

绿泥石化和绿帘石化主要见于安山岩和安山质火山角砾岩中,以绿泥石化为主,呈鳞片状交代暗色矿物,强度较弱。

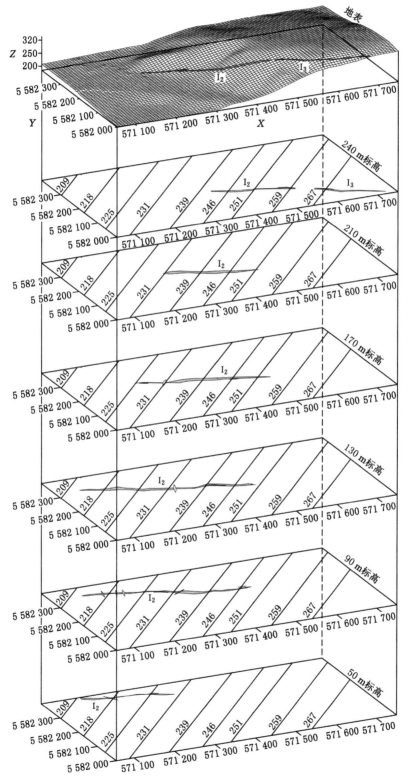

图 3-47　三道湾子金矿水平断面示意图

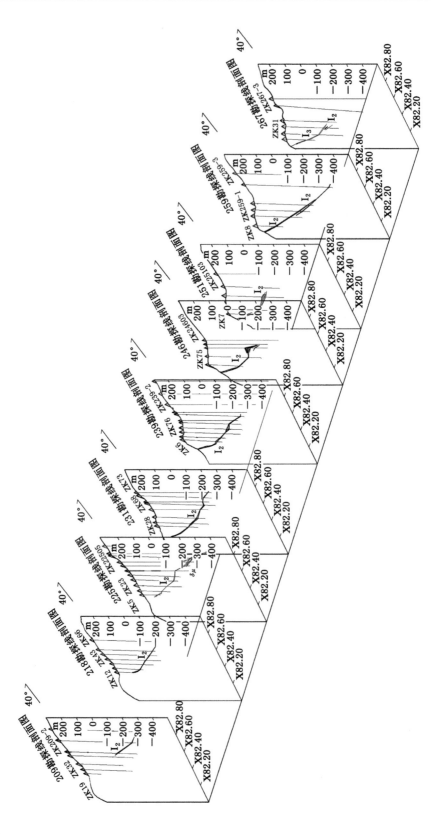

图 3-48　三道湾子金矿平行剖面示意图

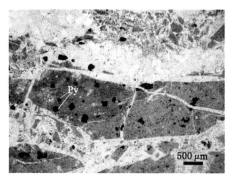

（a）细粒石英中自形粒状黄铁矿，透光单偏

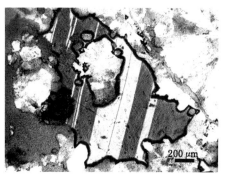

（b）碲金矿的双晶，反光正交

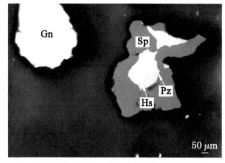

（c）方铅矿孤立生长，或与碲银矿包裹于闪锌矿，
背散射电子象

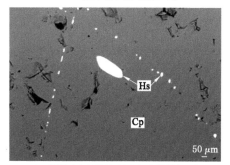

（d）黄铜矿中乳滴状碲银矿，背散射电子象

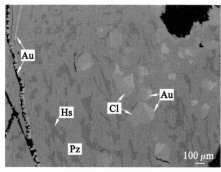

（e）针碲金矿、碲金银矿与碲银矿呈三相固溶体
形式存在于碲金银矿主矿物中，背散射电子象

（f）石英环带结构，透光单偏

Py-黄铁矿；Cp-黄铜矿；Sp—闪锌矿；Hs—碲银矿；Pz—碲金银矿；Gn—方铅矿；Cl—碲金矿；Au—金。

图 3-49　三道湾子矿石结构特征

　　碳酸盐化主要见于深部坑道及钻孔中，常见灰白色、灰黄色方解石细脉及网脉充填在安山岩、安山质火山角砾岩及石英脉裂隙中。

　　矿区围岩蚀变强度分带比较明显，从规模上看，石英脉体越大，其两侧的热液蚀变越强；从分布上看，越靠近石英脉体，热液蚀变越强，围岩蚀变总体呈带状，围绕石英脉两侧呈不对称分布，下盘蚀变带略宽。蚀变分带较明显，自石英脉向两侧依次为含金石英脉-强硅化带-弱硅化带-黄铁矿化带-黏土化带-碳酸盐化带-绿帘石和绿泥石化带。各种蚀变相互叠加，石英、黄铁矿、绢云母、高岭土、绿泥石、绿帘石多数相伴出现，由矿体向两侧蚀变作用逐

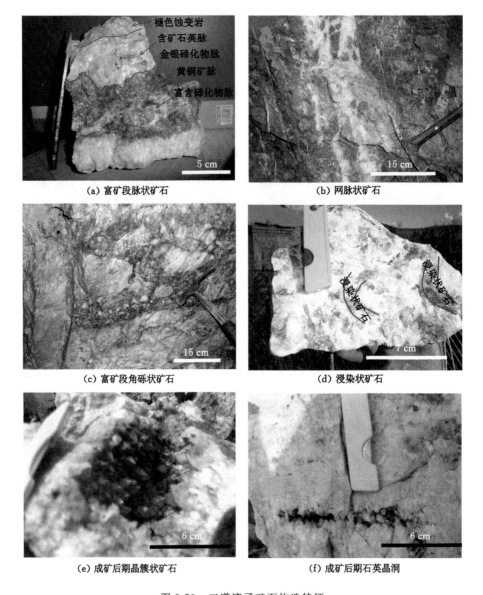

（a）富矿段脉状矿石　　　　　　　（b）网脉状矿石

（c）富矿段角砾状矿石　　　　　　　（d）浸染状矿石

（e）成矿后期晶簇状矿石　　　　　　（f）成矿后期石英晶洞

图 3-50　三道湾子矿石构造特征

渐减弱。碳酸盐化主要分布于构造裂隙较发育部位。

3.3.6　成矿物理化学条件

1. 流体包裹体

（1）流体包裹体岩相学特征

在显微镜下观察发现，三道湾子金矿流体包裹体组合较简单，主要为气液两相包裹体。气液两相包裹体以椭圆形、长条状及不规则形状为主，大小在 $4\sim22~\mu m$ 之间，多集中在 $4\sim12~\mu m$，平均大小为 $8.5~\mu m$。包裹体中气液比变化较大，在 $5\%\sim35\%$ 之间，主要集中在 $10\%\sim20\%$。

（2）流体包裹体成分特征

三道湾子金矿流体包裹体的阳离子以 Na^+、K^+ 为主,Ca^{2+}、Mg^{2+} 含量较低。阴离子中 SO_4^{2-} 含量较高,Cl^- 的含量较低,具有富 S、富 Cl、贫 F 的特点,说明属 $Na^+ \cdot K^+$-$SO_4^{2-} \cdot Cl^-$ 型。

三道湾子金矿流体包裹体挥发分以 H_2O 和 CO_2 为主,含有少量的 CO、CH_4、H_2、C_2H_4、C_2H_6、C_3H_6、C_3H_8 和 C_4H_{10}。已有的研究成果表明,还原性气体 CO、CH_4、H_2 含量越高,则还原性越强。因此,该矿床可能为弱还原至环原环境成矿,有利于金的富集。

（3）流体包裹体测温学

对三道湾子主矿区石英中发育的包裹体进行均一法测温研究,根据测定的流体包裹体数据,结果显示其具有以下特点(图 3-51):流体包裹体基本完全均一至液相,均一温度在 152.2～335.2 ℃ 范围中变化,从成矿流体均一温度的直方图看,峰值集中在 205～245 ℃ 和 260～295 ℃ 两个区间内,表明三道湾子金矿有两个主要的矿化阶段,结合该矿区地质特征分析认为,260～295 ℃ 为早阶段黄铁矿化形成温度,205～245 ℃ 为三道湾子金矿主成矿阶段(石英至金-碲化物形成)的温度。可见该矿床比典型浅成低温热液型矿床形成温度(低于 200～300 ℃)稍高。

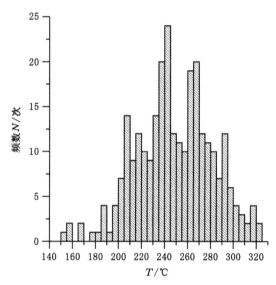

图 3-51　三道湾子金矿成矿流体均一温度直方图

（4）成矿流体盐度与密度

据刘斌(2000)所引用的盐度计算公式 $S(盐度)＝0.00＋1.78T_i－0.044\ 2T_i^2＋0.000\ 557T_i^3$(其中 T_i 表示温度绝对值,℃),求得成矿流体的盐度范围为 0.87%～3.21%,峰值集中在 1.2%～1.8% 的范围内,属于低盐度流体(图 3-52);根据刘斌提出的成矿流体密度(ρ)的计算公式,解得成矿流体的密度在 0.65～0.99 g/cm³ 之间变化,峰值集中在 0.70～0.86 g/cm³ 之间。确定三道湾子金矿床成矿流体为低密度流体(图 3-53)。

（5）成矿压力

根据邵洁连(1990)计算成矿压力的经验公式 $P_1＝P_0×T_1/T_0$,$P_0＝219＋2620×0.01×S$,$T_0＝374＋920×0.01×S$,计算得出三道湾子金矿床的成矿压力范围为 10.3～27.3 MPa 之间,峰值集中在 13～20 MPa 之间,平均值为 17.3 MPa,可见成矿压力较低。

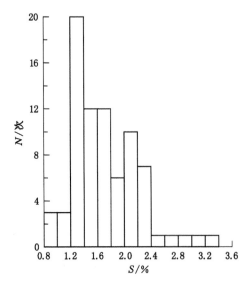

图 3-52　三道湾子金矿成矿流体盐度直方图

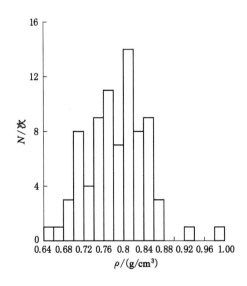

图 3-53　三道湾子金矿成矿流体密度直方图

（6）成矿深度的确定

根据孙丰月等（2000）计算成矿深度的公式，三道湾子金矿床的成矿深度范围为 $1.0\sim2.7$ km，峰值集中在 $1.3\sim2.0$ km，平均值为 1.7 km，可见三道湾子金矿床形成于浅成环境。

2. 稳定同位素特征

（1）硫同位素地球化学

本次测试的硫同位素样品主要为黄铁矿，采自矿体及蚀变的安山岩；其次为少量黄铜矿，采自 130 m 标高的富矿体。黄铁矿的 $\delta^{34}S$ 值介于 $-1.64\sim1.91‰$ 之间，黄铜矿为 $-2.18‰$。$\delta^{34}S$ 值在 0 值附近（图 3-54），该数据与幔源硫（$\delta^{34}S=0\pm3‰$）吻合，显示了三道湾子矿体及围岩中的硫为幔源硫。

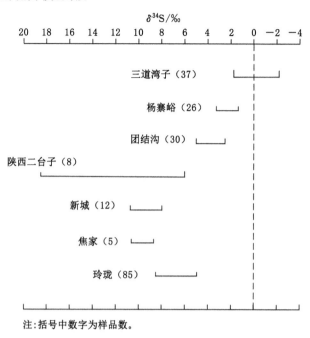

注：括号中数字为样品数。

图 3-54 三道湾子金矿与国内金矿床硫同位素分布图

（2）铅同位素组成

从未蚀变安山岩到硅化安山岩再到石英脉中，$^{206}Pb/^{204}Pb$ 值在 18.223 ± 0.009 至 18.353 ± 0.001 之间；$^{207}Pb/^{204}Pb$ 值在 15.464 ± 0.008 至 15.53 ± 0.001 之间；$^{208}Pb/^{204}Pb$ 值在 37.919 ± 0.019 至 38.145 ± 0.024 之间。总体上呈现出略微逐渐减小的趋势，但总体含量变化不大。将各点投在 $^{208}Pb/^{204}Pb$-$^{206}Pb/^{204}Pb$ 同位素图解和 $^{207}Pb/^{204}Pb$-$^{206}Pb/^{204}Pb$ 同位素图解中（图 3-55），发现均落在原始地幔附近，说明成矿物质来源于深源地幔。

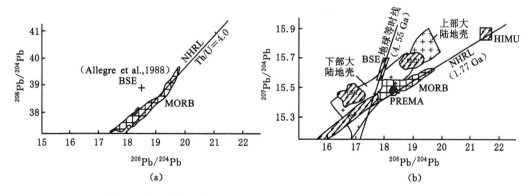

图 3-55　$^{208}Pb/^{204}Pb$-$^{206}Pb/^{204}Pb$ 同位素图解和 $^{207}Pb/^{204}Pb$-$^{206}Pb/^{204}Pb$ 同位素图解

（3）氢氧同位素组成

三道湾子金矿含金石英脉氢氧同位素测试结果显示：$\delta^{18}O$ 值变化范围介于 $-2.3‰\sim$ $-0.2‰$ 之间，δD 值变化范围介于 $-110‰\sim-85‰$。采用 1972 年 Clayton 分馏方程

$1\ 000\ \ln a_{(石英-水)}=3.38\times10^6\ T^{-2}-3.4$ 和相应的石英中流体包裹体测定的均一温度,将石英中氧同位素换算为交换平衡的成矿流体中的氧同位素。计算获得的 $\delta^{18}O_水$ 值变化范围为 $-15.3\text{‰}\sim-9\text{‰}$。所有 δD 值均低于 -85‰,与本区中生代雨水和现代雨水的组成相近,反映成矿流体明显受大气降水的影响。在 $\delta^{18}O\text{-}\delta D$ 关系图上(图 3-56),数据点落在大气降水线附近,表明成矿流体主要由大气降水组成。

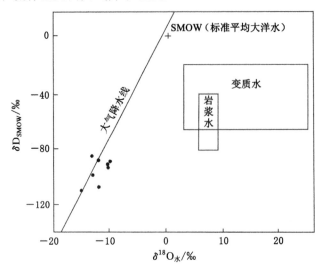

图 3-56 三道湾子金矿床成矿流体 $\delta^{18}O\text{-}\delta D$ 关系图

3.3.7 成矿时代

三道湾子金矿赋存于下白垩统龙江组内,并且存在辉绿玢岩脉切穿矿体现象。前人获得辉绿玢岩脉的 LA-ICP-MS 的锆石年龄为 (116.6 ± 2.4) Ma,推测三道湾子成矿年龄可能在 $125.3\sim116.6$ Ma;赵天宇等(2013)通过对三道湾子金矿床矿体附近的辉绿玢岩中的斜长石进行了 $^{40}Ar\text{-}^{39}Ar$ 同位素定年,年龄结果为 (115 ± 1.1) Ma 至 (118 ± 1.2) Ma;Zhai 等(2015)对三道湾子金矿中的石英和黄铁矿做了 Rb-Sr 同位素测年,认为黄铁矿的 Rb-Sr 同位素年龄为 (119.1 ± 3.9) Ma,石英的 Rb-Sr 同位素年龄为 (121.3 ± 2.6) Ma,基本确定了三道湾子金矿成矿年龄在 120 Ma 左右,成矿时代属于早白垩世,认为该矿床的形成可能与 Izanagi 板块的俯冲有关。

3.3.8 矿床成因及成矿模式

三道湾子金矿位于大兴安岭东北部,是燕山期构造-岩浆活动与区域铜(钼)、铁(锡)、铅、锌、金、银成矿带的重要组成部分。

伊泽奈崎板块俯冲是造成大兴安岭中生代火山岩形成的主要因素,同时由于挤压作用而形成了一系列北西向张性裂隙,为成矿物质提供了沉淀场所。俯冲板块的回退导致了区域伸展作用,同时下部地壳与岩石圈地幔减压发生部分熔融,幔源与壳源混合的岩浆携带着成矿物质上侵,进入地壳浅层或喷发到地表。伸展作用又导致了后期的北东向张性断裂形成,其中充填中基性脉岩,对矿体有一定的破坏作用。

三道湾子碲化物型金矿床与早白垩世岩浆活动具有密切的时空和成因联系。火山活动对成矿的控制作用主要表现在,早白垩世龙江期火山喷发,为成矿提供充足的热源及成矿物质并与围岩进行强烈的物质交换。矿体中的硫同位素直接来源于幔源，Pb、Hf 同位素显示地幔源区物质来源，从而显示成矿物质是深源的。三道湾子金矿床形成于早白垩世龙江期，火山热液提供了主要的 Au、Ag、Te 物质来源和热能，深源的富含 Te_2、H_2S、CO_2、H_2O、CH_4 的流体在沿裂隙上升过程中，随着大气降水大量加入，大气降水发生对流循环，与围岩发生物质交换，将其中的部分金、银淋滤出来，形成低盐度的流体，向浅部运移沿北西向张性断裂充填富集成矿，形成了富含金、银碲化物的低硫型浅成中-低温热液矿床。其成因属与燕山晚期火山活动有关的浅成中-低温火山热液型金矿床（图 3-57）。

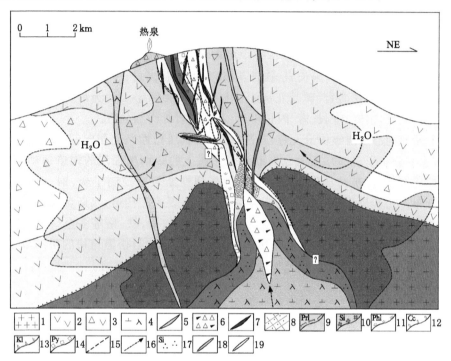

1—花岗岩；2—安山岩；3—安山质角砾岩；4—闪长玢岩；5—闪长岩+辉长岩脉；6—隐爆角砾岩；7—脉状金矿体；
8—网状金矿体；9—青磐岩化；10—硅化；11—绢英岩化；12—碳酸盐化；13—高岭土化；14—黄铁矿化；
15—次生断裂构造；16—指示箭头；17—硅质热液；18—石英脉+冰长石型金矿体；19—碳酸盐型金矿体。

图 3-57　三道湾子金矿床成矿模型图

3.4　永新金矿床

　　永新金矿床位于黑龙江省嫩江市东北方向 70 km、黑河市西南方向 115 km 处，隶属嫩江市霍龙门镇管辖。由霍龙门镇至迎风村有公路相连，交通方便。

　　2008—2010 年，黑龙江省地质调查研究总院在该区开展"黑龙江多宝山地区矿产远景调查"工作，发现了该矿点。2011—2014 年，黑龙江省地质调查研究总院在该区进行普查工作，发现了Ⅰ号金矿带（共圈定矿体 7 条），Ⅱ号金银矿带（圈定矿体 5 条）。2015—2018 年，黑龙江省齐齐哈尔矿产勘查开发总院受嫩江市成功金矿有限公司委托进行地质勘查，于 2019 年提交了《黑龙江省嫩江市霍龙门乡永新金矿勘探报告》，提交金资源储量（331＋332

＋333 类型)12.089 t,平均品位 3.58 g/t。

3.4.1　区域地质特征

研究区位于天山-兴蒙造山系东段的大兴安岭弧盆系、扎兰屯-多宝山岛弧带。区域内出露的地层较多、分布面积较广,其中:古生界地层有下-中奥陶统多宝山组、上统裸河组;中泥盆-上志留统泥鳅河组、中泥盆统腰桑南组;下石炭统新生组、中二叠统哲斯组。中生界地层有白垩系下统龙江组、光华组、九峰山组、甘河组。新生界地层和岩性有新近系中新统西山玄武岩;第四系下更新统大熊山玄武岩、全新统高河漫滩堆积层和低河漫滩堆积层。其中,金铜等矿产与下-中奥陶统多宝山组、下泥盆统泥鳅河组和下白垩统龙江组、光华组关系密切。

区域岩浆侵入活动频繁,主要分布有中奥陶世辉长岩、闪长岩;早石炭世正长花岗岩、花岗质糜棱岩;晚石炭世花岗闪长岩、二长花岗岩、碱长花岗岩;中侏罗世花岗闪长岩、二长花岗岩;早白垩世正长花岗岩、碱长花岗岩。与金成矿关系密切的为早石炭世花岗质糜棱岩。区域脉岩发育,主要有闪长岩、闪长玢岩、花岗斑岩等岩脉分布。

区域上断裂构造及褶皱构造发育,断裂以北东向(压扭性)、北西向(张扭性)为主,其次为南北向(主要分布于南部)、近南北向断裂。区域上的多期次强烈的构造运动,使区域形成了众多控矿构造,北东向压性构造及北西向张扭性断裂带控制了金、铜、铁等多金属矿(化)点的分布。尤其是北东向压扭性断层为区域的重要控矿构造,永新金矿床严格受其控制。近南北、近北西向的低序次羽状张性裂隙控制了铜、铅、铁、铬等多金属矿(化)点的分布,沿这些张性裂隙出露大量含矿石英脉。区域受兴安地块与松嫩地块的拼贴以及左行剪切、右行剪切及伸展滑脱等多次构造作用,导致区内韧性剪切带发育。

3.4.2　矿区地质特征

1. 地层

矿区出露的地层主要为早白垩世火山岩(图 3-58),从下至上依次为龙江组、光华组和甘河组。其中龙江组分布在矿区中北部,主要是由中-酸性火山岩组成,以中性火山岩为主,岩性主要为安山岩、粗面岩、粗面安山岩、安山质角砾岩、英安岩、流纹岩和流纹质含角砾凝灰岩等[图 3-59(g)];光华组主要分布在测区北部,主要以酸性火山岩为主,岩性主要为英安岩、流纹岩、流纹质凝灰岩和火山角砾岩等[图 3-59(e)];甘河组仅仅在矿区西南角零星出露,主要由安山岩、安山玄武岩和气孔状玄武岩组成[图 3-59(f)],这些早白垩世火山岩喷发并不整合覆盖在矿区正长花岗岩、花岗质糜棱岩及花岗闪长岩之上。

2. 侵入岩

矿区出露的侵入岩主要为正长花岗岩、花岗质糜棱岩及花岗闪长岩等。其中中粗粒正长花岗岩主要出露在矿区中西部,其 LA-ICP-MS 锆石 U-Pb 年龄为(315.9±1.6) Ma,表明其形成时代为晚石炭世;花岗质糜棱岩大面积呈北东走向出露于研究区东南部,主要以花岗质糜棱岩和闪长质糜棱岩为主[图 3-59(a)],区域上关于该套糜棱岩前人做了大量工作,成果显示原岩形成年龄为 337～294 Ma,韧性变形作用发生在早-中侏罗世,时间限制为184～170 Ma,常见宽窄不一的金属硫化物脉沿着糜棱岩裂隙或面理直接穿切糜棱岩,该类糜棱岩均具有较弱的矿化显示[图 3-59(k)(l)]。花岗闪长岩仅出露于永新金矿体的西北部,呈岩枝状产出,其 LA-ICP-MS 锆石 U-Pb 年龄为(171.8±1.6) Ma,表明形成时代为中侏罗世。

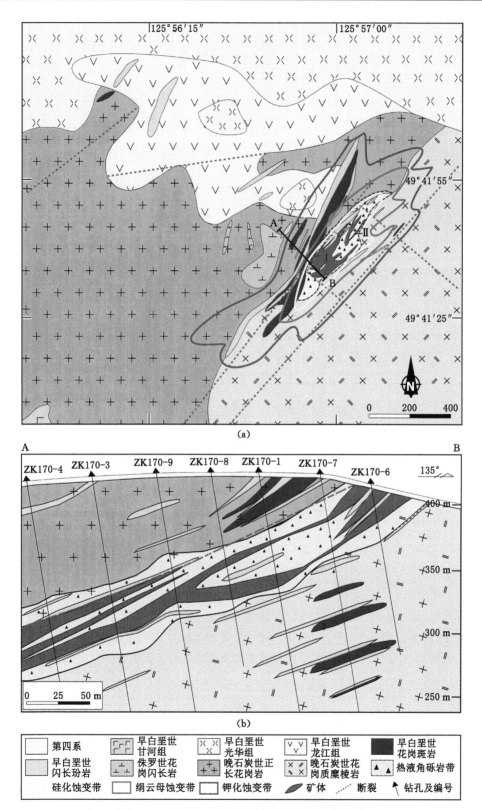

图 3-58　永新金矿矿区地质简图及勘探线剖面图

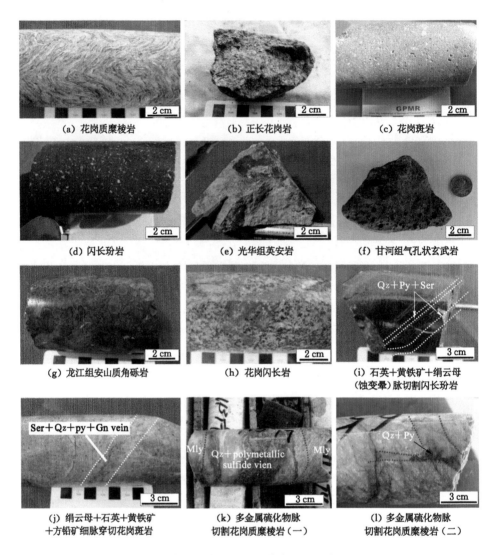

(a) 花岗质糜棱岩 (b) 正长花岗岩 (c) 花岗斑岩

(d) 闪长玢岩 (e) 光华组英安岩 (f) 甘河组气孔状玄武岩

(g) 龙江组安山质角砾岩 (h) 花岗闪长岩 (i) 石英+黄铁矿+绢云母（蚀变晕）脉切割闪长玢岩

(j) 绢云母+石英+黄铁矿+方铅矿细脉穿切花岗斑岩 (k) 多金属硫化物脉切割花岗质糜棱岩（一） (l) 多金属硫化物脉切割花岗质糜棱岩（二）

Qz—石英；Ser—绢云母；Py—黄铁矿；Gn—方铅矿。

图 3-59　永新金矿床岩石手标本及特征

矿区脉岩较为发育，主要包括闪长玢岩和花岗斑岩［图 3-59（c）（d）］，总体呈北东-北北东向脉状展布，大致与矿体平行并伴生产出，这显示与成矿关系密切（图 3-58）。同时花岗斑岩和闪长玢岩蚀变较强，多被微小含硫化物细脉穿切［图 3-59（i）（j）］，局部具有较强烈的金矿化，品位为 0.1~0.6 g/t。

3. 构造

矿区位于嫩江-黑河深大断裂（嫩江-黑河构造混杂岩带）北部，该断裂呈北东向展布，具有漫长而复杂的演化历史，其韧性剪切活动持续时间由早石炭世至早侏罗世，使得老地质体的金多次富集，为成矿提供物源和热源。在该深大断裂上分布有众多金矿床，主要有旁开门金银矿床和三道湾子金矿床，这些矿床属于典型的浅成低温型金矿床。

矿区内构造以断裂构造为主，多为张性断裂，总体上为北东-北北东向和北西向断裂。

其中北东-北北东向断裂倾向为北西西,倾角为 $25°\sim40°$;北西向断裂倾向为南西,倾向为 $15°\sim30°$;北东向断裂为主要的容矿构造,控制矿体和大量次火山岩体及浅成侵入岩体的展布;北西向断裂为成矿后断裂,对矿体有一定的破坏作用。

早石炭世正长花岗岩与花岗质糜棱岩的接触带构造控制了含矿角砾岩体以及(超)浅成岩脉的分布。该接触带构造是矿区中主要的成矿结构面。金矿体赋存在角砾岩体内部及邻近的花岗质糜棱岩中。发育在花岗质糜棱岩中的北东向断裂控制了少量蚀变糜棱岩型脉状金矿体。

3.4.3　矿体特征

根据矿体工业指标、矿体赋存特点及展布特征,矿区共圈定出两条主矿体,编号为Ⅰ和Ⅱ,两条主矿体大体平行排列并呈北东向展布,矿体均赋存在晚石炭世花岗质糜棱岩和正长花岗岩接触部位的热液角砾岩体中及其附近(图 3-58)。具体特征如下:

Ⅰ号矿体:矿体在平面上整体呈透镜状产出,由工业矿体和低品位矿体组成,局部见有尖灭再现和分支复合矿体特征。矿体总体呈北东向展布,主矿体地表自东向西分布在 140 线至 175 线间,目前地表槽探工程在走向上控制矿体的长度约 375 m,宽度 $6.8\sim73.4$ m,矿体倾向 NW,倾角 $20°\sim30°$,深部矿体沿倾向延伸 $150\sim800$ m 左右,矿体在 140 线、150 线表现为尖灭再现和分支复合矿体特征。其中工业金矿体,最高品位为 29.66 g/t,平均品位 3.92 g/t,平均斜厚度 10.1 m;低品位金矿体平均品位 1.36 g/t,平均视厚度为 5.46 m。

Ⅱ号矿体:矿体在平面上整体呈脉状,由工业矿体和低品位矿体组成,局部见有尖灭再现和分支复合矿体特征。矿体总体呈北东向展布,目前地表槽探工程在走向上控制矿体的长度约 250 m,宽度 $5.9\sim18$ m,矿体倾向 NW,倾角 $20°\sim30°$,深部矿体沿倾向最大延伸 330 m 左右。其中工业金矿体,最高品位为 6.37 g/t,平均品位 3.55 g/t,平均斜厚度 7.7 m;低品位金矿体平均品位 1.36 g/t,平均视厚度为 4.25 m。地表有 4 个工程见矿,地表单工程见矿最大斜厚为 18.00 m,平均品位 1.41 g/t,深部有 6 个工程见矿,在 140 线深部见隐伏工业品位矿体,见矿最大斜厚 7.70 m,最高品位为 6.37 g/t,平均品位 3.55 g/t。

3.4.4　矿石特征

永新金矿氧化带深度在 $14\sim24$ m 之间变化,原生带与氧化带或与混合带交界处均被呈北东走向、南东倾向断层断掉,因此确定该矿体以北东向断层为界,断层上部矿体统归为氧化矿,断层下部均为原生矿。

永新金矿工业类型为少硫化物金-黄铁矿矿石,即以蚀变构造碎裂角砾岩型为主,其次为蚀变岩型和石英脉型,少量为糜棱岩型(图 3-60)。矿石结构有半自形晶-他形晶粒状结构、自形晶结构、包含结构、细脉穿插结构、溶蚀交代结构、碎裂化结构、枝杈状结构、星散状结构;矿石构造有脉-网脉状构造、稀疏-稠密浸染状构造、块状构造。

矿石中金属硫化物主要为黄铁矿,其次为少量磁黄铁矿、方铅矿等(图 3-61);主要金属氧化物为褐铁矿、赤铁矿及磁铁矿;贵金属矿物为自然金,其次为少量银金矿及碲银矿,微量碲金银矿、碲铋银矿、辉银矿等;脉石矿物以石英、长石为主,次为云母、方解石等矿物,其他脉石矿物含量相对较少。

金的主要载体矿物为黄铁矿,其次为脉石矿物(石英),金以自然金、银金矿形式和银以银金矿、碲银矿、碲金银矿形式主要赋存在黄铁矿中、黄铁矿粒间及黄铁矿与脉石粒间。金主要分为可见金和不可见金两种类型。自然金中金含量在 $80\%\sim93\%$ 之间,银金矿中金含量在

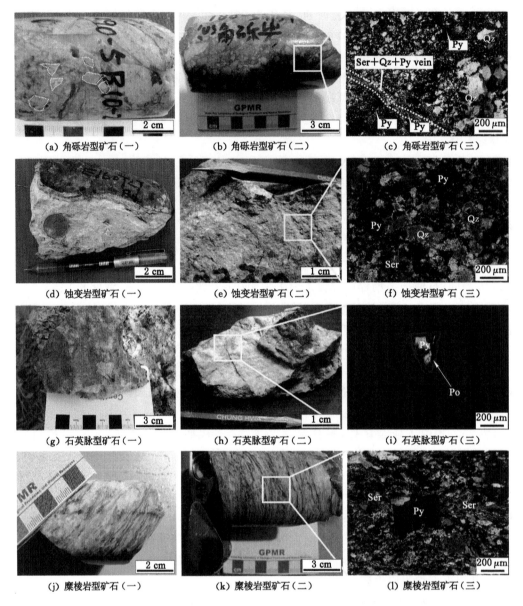

Qz—石英；Ser—绢云母；Py—黄铁矿；Po—磁黄铁矿。

图 3-60　永新金矿床主要的矿石类型

75%～80%之间；矿石中自然金的平均成色为 867.2‰，银金矿的平均成色为 780.4‰。金矿物粒度主要分布在 0.01 mm 以下，以微粒金为主，矿石中金矿物主要以粒间金及包裹金状态分布。

3.4.5　蚀变分带及矿化阶段

1. 蚀变分带

永新金矿主要围岩蚀变类型包括硅化、绿泥石化、绢云母化、碳酸盐化、黏土化、青磐岩化等，其中与矿化关系密切的是硅化和绢云母化。从近矿到远矿可划分为强硅化带→绢云母化-高岭土化带→青磐岩化带→绢英岩化带。从地表至深部依次为黄铁矿化、青磐岩化→

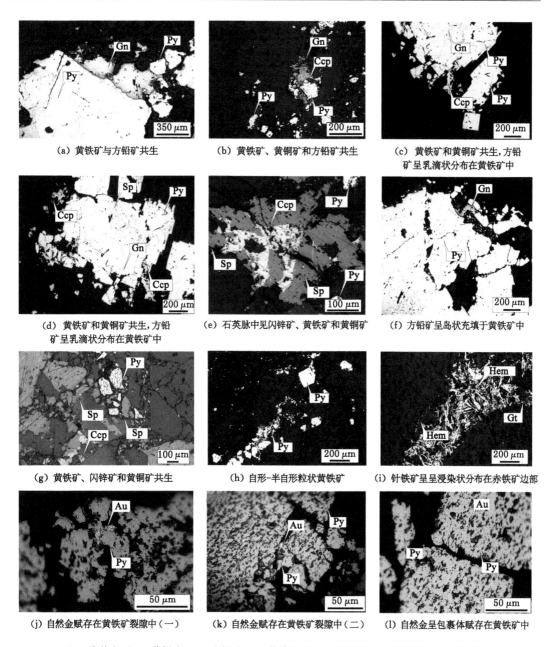

（a）黄铁矿与方铅矿共生　　　　（b）黄铁矿、黄铜矿和方铅矿共生　　　（c）黄铁矿和黄铜矿共生，方铅
　　　　　　　　　　　　　　　　　　　　　　　　　　　　　　　　　　矿呈乳滴状分布在黄铁矿中

（d）黄铁矿和黄铜矿共生，方铅　　（e）石英脉中见闪锌矿、黄铁矿和黄铜矿　　（f）方铅矿呈岛状充填于黄铁矿中
　　矿呈乳滴状分布在黄铁矿中

（g）黄铁矿、闪锌矿和黄铜矿共生　　（h）自形-半自形粒状黄铁矿　　　（i）针铁矿呈浸染状分布在赤铁矿边部

（j）自然金赋存在黄铁矿裂隙中（一）　（k）自然金赋存在黄铁矿裂隙中（二）　（l）自然金呈包裹体赋存在黄铁矿中

Au—自然金；Ccp—黄铜矿；Gn—方铅矿；Gt—针铁矿；Hem—赤铁矿；Py—黄铁矿；Sp—闪锌矿。

图 3-61　永新金矿床矿石镜下显微特征

青磐岩化、硅化、黄铁矿化→泥化、青磐岩化、黄铁矿化→绢英岩化（含硅化）、黄铁矿化（图 3-62）。

（1）硅化：蚀变范围广泛，主要分布于碎裂角砾岩、花岗质糜棱岩中，从岩石内的硅质细网脉穿插关系中可看到至少形成有三期硅化。第一期硅化（石英化）为面状或弥漫状，表现矿石为整体半透明状，致密坚硬；第二期是呈细脉、网脉状产出的；第三期为团块状。第二、三期硅化往往与呈集合体状、细脉状黄铁矿相伴产出，此时黄铁矿化越强，金矿化就越强，

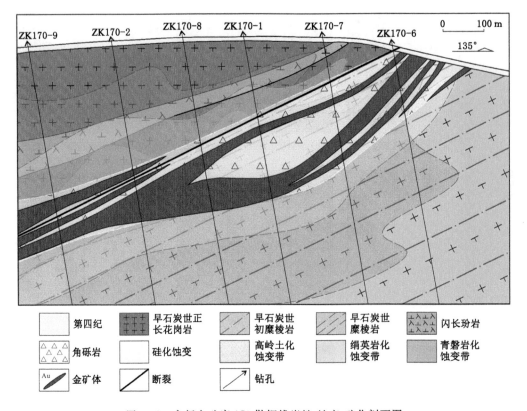

图 3-62　永新金矿床 170 勘探线岩性-蚀变-矿化剖面图

金品位就高。

(2) 黄铁矿化：主要分布于碎裂角砾岩和花岗质糜棱岩中，除此之外，其他各类岩石均有出现，前两种岩石中黄铁矿多呈侵染状、星点状、细网脉状和集合体状，少许呈立方体状（与金的成矿关系不大）。前者（碎裂角砾岩）往往与硅化（石英化）相伴产出，黄铁矿与金的成矿关系最为密切，是金矿的主要载体，黄铁矿越发育，强度越大，对金的形成越有利，与金成矿呈明显的正相关关系。

(3) 绢云母化：主要分布在花岗质糜棱岩中，岩石整体显示灰色，偶见于碎裂角砾岩中。

(4) 钾长石化：花岗质糜棱岩及正长花岗岩中比较常见，局部岩石显示红色，呈条带状，细网脉状与金矿形成关系不大。

(5) 绿泥石、绿帘石化：主要呈细脉状、弥漫状产出。两者往往相伴出现，多分布在花岗质糜棱岩及矿体上盘闪长玢岩中。

(6) 碳酸盐化：呈细网脉状，多分布在安山岩、闪长玢岩、花岗闪长岩中；为成矿晚期和后期蚀变产物。

(7) 高岭土化（黏土化）：多在岩石破碎面中发育，白色，松软，部分为表生淋滤的产物。

综上所述，与金矿化有关的矿化蚀变为硅化、黄铁矿化（褐铁矿化）。这是最佳矿化蚀变组合类型，金矿化与黄铁矿化关系最为密切，其蚀变强度越大，金品位越高。

2. 矿化阶段

根据矿物共生组合关系和脉细的相互穿切关系，将永新金矿划分成四个成矿阶段。

　　无矿石英-钾长石成矿阶段（Ⅰ）：主要的特点是发育有呈不规则状产出的乳白色石英和钾长石，硫化物含量非常少，偶尔在石英表面见到微小的它型黄铁矿颗粒，该阶段主要以钾化形式出现在花岗斑岩和正长花岗岩中。

　　灰色石英-黄铁矿成矿阶段（Ⅱ）：主要的特点是发育细粒、浸染状、半自形的黄铁矿和呈灰色-烟灰色石英网脉，形成宽度为 0.5～3 cm 不等的细脉，该阶段主要在硅化角砾岩、蚀变岩和闪长玢岩中发育。该阶段还包含少量的绢云母，主要出现在石英-黄铁矿细脉的边部，呈现绢云母蚀变晕的特点或作为普遍蚀变发育在各个岩石中，少量的金矿化发生在该阶段。

　　灰黑色石英-多金属硫化物成矿阶段（Ⅲ）：该阶段是永新金矿主要的金矿化成矿阶段，该阶段包含了大量的黄铁矿、石英、方铅矿和闪锌矿，还有少量的黄铜矿，偶尔见到自然金，主要以包裹体的形式存在于黄铁矿和石英中。第三阶段的石英-黄铁矿脉明显比第二阶段细脉宽，主要呈灰色-灰黑色。黄铁矿主要呈以细粒半自形集合体状和多金属硫化物（石英±方铅矿±闪锌矿±黄铜矿）脉形式发育在角砾基质中。

　　呈绸带状的石英-方解石细脉成矿阶段（Ⅳ）：标志着热液活动的减弱，该阶段特点是发育有乳白色方解石细脉和不规则的呈绸带状的石英，表现为主要沿裂隙贯入的方解石脉，部分方解石附近有石英脉相互充填、交切，主要以青磐岩化形式出现在远离矿体的围岩中，该阶段基本代表了永新金矿床金成矿作用的结束。

3.4.6　成矿物理化学条件

1. 流体包裹体

（1）流体包裹体岩相学特征

　　流体包裹体岩相学研究成果表明，永新金矿床样品中流体包裹体比较发育（图 3-63），但是包裹体个体很小，大小为 2～15 μm，其中以 3～6 μm 为主。流体包裹体在室温下的主要类型为气液两相包裹体（L＋V），偶见纯液相包裹体（L），其中气液两相包裹体发育于各成矿阶段，占总数的 95％左右，形态多为椭圆形、不规则形以及负晶形等，包裹体成群或孤立分布，大小为 3～6 μm，气液相比为 10％～35％。

（2）流体包裹体形成温度、压力和深度估算

　　无矿石英-钾长石成矿阶段（Ⅰ）：均一温度范围在 287～312 ℃之间，平均值为 305 ℃；盐度范围为 3.2％～8.9％，平均值为 7.5％；密度、静水压力和深度分别为 0.74～0.82 g/cm³（平均为 0.78 g/cm³）、21.6～30.6 MPa（平均为 28.5 MPa）和 0.80～1.13 km（平均为 1.06 km）[图 3-64(a)(b)]。

　　灰色石英-黄铁矿成矿阶段（Ⅱ）：均一温度范围在 215～286 ℃之间，平均值为 237 ℃；盐度范围为 0.9％～8.3％，平均值为 3.4％；密度、静水压力和深度分别为 0.77～0.89 g/cm³（平均为 0.84 g/cm³）、13.6～26.7 MPa（平均为 18.1 MPa）和 0.50～0.99 km（平均为0.67 km）[图 3-64(c)(d)]。

　　灰黑色石英-多金属硫化物成矿阶段（Ⅲ）：均一温度范围在 185～215 ℃之间，平均值为 202 ℃；盐度范围为 0.2％～5.5％，平均值为 2.90％；密度、静水压力和深度分别为 0.86～0.90 g/cm³（平均为 0.89 g/cm³）、11.1～18.1 MPa（平均为 14.9 MPa）和 0.41～0.67 km（平均为 0.55 km）[图 3-64(e)(f)]。

　　呈绸带状的石英-方解石细脉成矿阶段（Ⅳ）：均一温度范围在 120～183 ℃之间，平均值

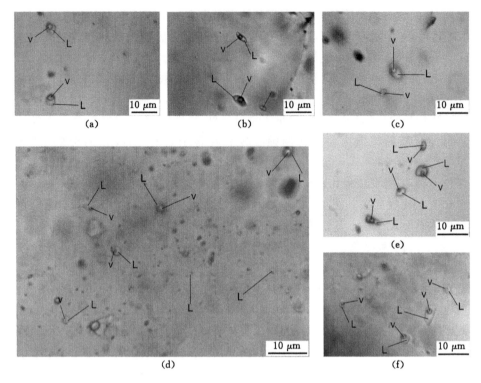

L＋V—气液两相包裹体；L—纯液相包裹体；V—纯气相包裹体。

图 3-63　永新金矿床流体包裹体显微照片

为 162 ℃；盐度范围为 0.2%～4.0%，平均值为 1.70%；密度、静水压力和深度分别为 0.89～0.97 g/cm³（平均为 0.92 g/cm³）、8.8～14.2 MPa（平均为 10.9 MPa）和 0.33～0.53 km（平均为 0.40 km）[图 3-64(g)(h)]。

　　结果显示，从成矿早期到晚期，其成矿温度平均由 305 ℃→237 ℃→202 ℃→162 ℃逐渐降低；盐度由 7.5%→3.4%→2.90%→1.70%逐渐降低；流体密度由 0.78→0.84→0.89→0.92（g/cm³）微弱增高，但整体均较低，表明成矿流体为典型中低温、低盐度流体；计算的静水压力由 28.5→18.1→14.9→10.9（MPa）逐渐降低，相对应的成矿深度由 1.06→0.67→0.55→0.40（km）逐渐变浅，显示成矿早阶段至晚阶段成矿压力呈逐渐变小的趋势。总体显示成矿热液的向上运移过程中，压力逐渐变小，且成矿深度小于 1.06 km，表明矿床形成于浅成环境。

　　（3）流体包裹体成分分析

　　对永新金矿床成矿阶段矿物中包裹体进行激光拉曼光谱分析，其结果显示（图 3-65），主成矿阶段（Ⅲ）气液两相流体包裹体的气相成分以 H_2O 为主，见少量的 CO_2 存在，但 CO_2 特征峰值较弱，基本不含有 CH_4 和 H_2，因此应将永新金矿床流体归为 $NaCl$-H_2O 体系进行计算和讨论。

　　2. 稳定同位素特征

　　（1）硫同位素地球化学

　　永新金矿床第Ⅱ成矿阶段黄铁矿的 $\delta^{34}S$ 值变化范围为 2.3‰～4.5‰，极差为 1.7‰，

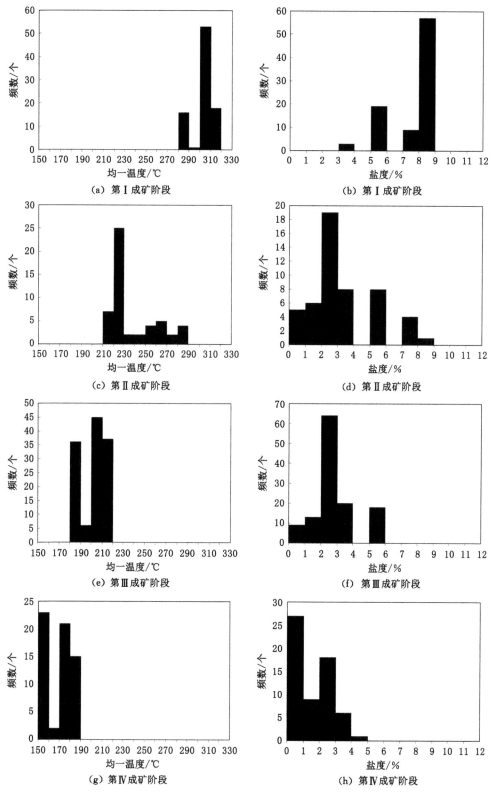

图 3-64　永新金矿床流体包裹体均一温度和盐度直方图

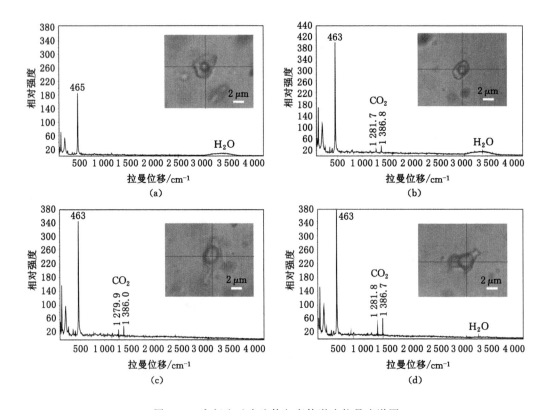

图 3-65　永新金矿床流体包裹体激光拉曼光谱图

平均值为 3.5‰；相应的第Ⅲ成矿阶段黄铁矿的 $\delta^{34}S$ 值变化范围为 3.3‰～5.1‰，极差为 1.8‰，平均值为 4.3‰，相对第Ⅱ成矿阶段黄铁矿的 $\delta^{34}S$ 值稍微偏高。总体上永新金矿床的黄铁矿 $\delta^{34}S$ 值变化范围为 2.3‰～5.1‰，极差为 2.8‰，平均值为 4.1‰（图 3-66），总体显示在一个较窄的变化区间，极差值小，具有深源岩浆硫的特点，推测永新金矿床的硫很可能来源于下地壳或上地幔部分熔融产生的火山-次火山岩。

（2）铅同位素地球化学

永新金矿床的黄铁矿铅同位素 μ 值变化范围为 9.28～9.37，平均值为 9.32（<9.58），反映其铅源具有下地壳或上地幔的特征。铅同位素构造模式图解显示（图 3-67），数据较为集中，介于造山带与地幔之间，显示了成矿物质主要来自地幔并受到造山作用的影响。同时，永新金矿床的矿石铅与矿区出露的火山-次火山岩样品点的范围基本一致，高度重合，从而暗示永新金矿床的成矿物质主要来源于矿区赋矿火山-次火山岩。

（3）氢氧同位素组成

永新金矿成矿阶段的含金石英 $\delta^{18}O$ 值变化范围介于 5.0‰～8.4‰ 之间，δD 值变化范围介于 -124.8‰～-102.1‰ 之间，在 $\delta^{18}O-\delta D$ 关系图上（图 3-68），数据点落入大气降水线右侧附近，同时有部分数据点的 δD 值偏小，在 $\delta^{18}O-\delta D$ 图上落入偏下部分，永新金矿床成矿流体的氢氧同位素组成十分靠近大气降水线，而远离变质水和岩浆水区域，表明成矿流体主要为大气降水，同时 $\delta^{18}O$ 正向"漂移"较为明显的，这是围岩和大气降水发生了明显的水-岩反应的结果。

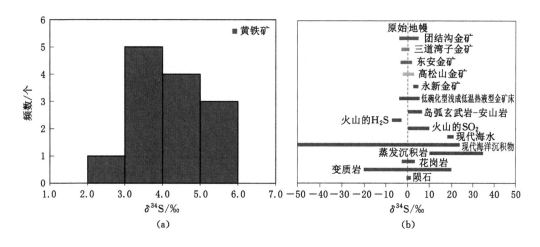

图 3-66　永新金矿床硫同位素组成直方图和分布图

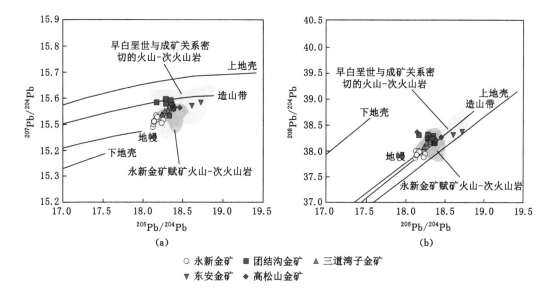

图 3-67　永新金矿床 Pb 同位素构造模式图解

3.4.7　成矿时代

对矿区内与成矿关系密切的火山-次火山岩开展的单颗粒锆石 U-Pb 定年和对主成矿阶段的含金黄铁矿开展的 Rb-Sr 同位素测年工作揭示，矿区火山喷出发生在 $120 \sim 112$ Ma，可划分为龙江期（~ 120 Ma）和光华期（~ 112 Ma）两期；永新金矿床成矿发生在（107 ± 4）Ma，进而揭示永新金矿床成矿发生在早白垩世，其成岩成矿热事件大致经历了近 5 Ma。

3.4.8　矿床成因及成矿模式（图 3-69）

结合对永新金矿床成因和成岩成矿时代分析认为，永新金矿床岩浆活动和成矿作用发生在早白垩世，古太平洋板块向中国东部大陆边缘的俯冲作用的动力学背景，导致了岩石圈加厚，进而发生岩石圈地幔拆沉，由此诱发软流圈地幔上涌并且镁铁质下地壳发生部分

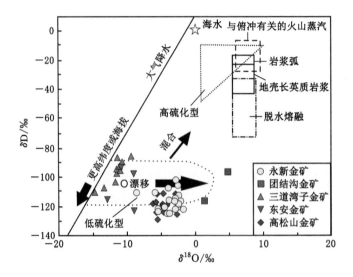

图 3-68　永新金矿床成矿流体 $\delta^{18}O$-δD 关系图

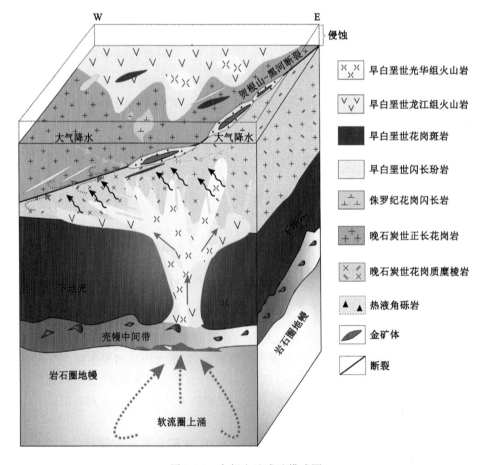

图 3-69　永新金矿成矿模式图

熔融形成的岩浆沿着 NNE 向贺根山-黑河深大断裂向上运移,在 120～116 Ma,以中性为主的中酸性岩浆发生喷发作用,形成了有钙碱性特征的龙江组粗面安山岩、粗面岩、安山岩、安山质角砾岩等中酸性火山岩。后期岩浆在上升过程中,由于外界压力的不断下降,岩浆上侵强度不断降低,中酸性钙碱性岩浆发生浅成就位作用,形成了浅成的闪长玢岩和花岗斑岩等次火山岩体并呈岩珠状产出,推测该期火山活动有一次成矿物质的活化和早期成矿富集的作用。在 112 Ma 左右,残余岩浆又一次发生小规模喷发活动,同时萃取围岩中的和早期富集的成矿物质并形成了有钙碱性特征的光华组英安岩、流纹岩、流纹质含角砾凝灰岩等中酸性火山岩,是又一次成矿物质的活化和富集。

经过了上述两阶段的岩浆抽提,永新金矿床的含矿流体库基本形成,在 107 Ma 左右向晚白垩世地壳转化期间,残余岩浆、富含挥发分的岩浆热液沿着 NNE 向贺根山-黑河深大断裂、火山机构及次级断裂向上运移,同时淋滤、萃取龙江组和光华组中酸性火山-次火山岩以及围岩中的成矿物质,逐渐富集形成含矿热液。含矿热液充填于火山-火山岩体中,随着内部压力和温度的逐渐升高,超过了围岩静压力,从而产生了强烈的隐爆作用,导致隐爆角砾岩沿原断裂及次级断裂运移至浅部。另外,在隐爆角砾岩膨胀产生的裂隙中充填了混合流体,由于其物理化学条件的变化,再加上大量大气降水的参与以及含矿流体发生的流体沸腾作用,溶解度急剧下降,导致含矿热液中的金发生富集沉淀,从而形成了永新金矿床。其成因属与燕山晚期火山活动有关的低硫化型浅成低温火山热液型金矿床。

第4章 矿产预测及找矿潜力分析

矿产预测指应用成矿地质理论并通过成矿规律研究分析成矿要素,结合地球物理和地球化学等探测信息总结预测要素,经过类比预测圈定预测区、预测深部矿体的空间位置,利用典型矿床各项参数估算预测区资源量。

(1) 区域矿产预测:以区域地质构造、区域成矿学理论为指导,以1:25万~1:5万区域地质调查、地球物理和地球化学探测、自然重砂、遥感、矿床勘查资料以及相关的专题科研资料为基础,通过对成矿地质背景、区域成矿规律和典型矿床成矿特征的研究建立综合信息预测模型,采用类比预测方法圈出矿产预测区,估算预测资源量,指导矿产勘查工作。

(2) 勘查区找矿预测:勘查区成矿地质体地质模型找矿预测方法指首先以地球化学、矿物学和矿床学理论为指导,在全面收集勘查区地质构造、矿化蚀变、物探、化探和遥感等资料的基础上,通过大比例尺专项填图工作,研究成矿地质条件,确定成矿地质体;其次研究成矿构造系统,确定成矿结构面;再其次研究成矿地质作用,确定成矿作用特征标志,进而总结成矿要素及预测标志,建立找矿预测地质模型;最后结合大比例尺物探、化探工作,利用工程验证发现并查明矿体(床)。

(3) 矿产预测应遵循循序渐进原则:指在一定地区内开展多次矿产预测时,应按比例尺由小到大的顺序进行。区域展开、重点突破、不断深入、逐步缩小和优选预测远景地区。一般情况下,在工作程度低、资料比较少的地区,宜进行小比例尺预测;大比例尺预测应在中小比例尺预测所圈出的预测区或预测段内进行。

(4) 预测方法体系:综合信息矿产预测方法是本次预测方法体系,特点是以成矿系列、综合信息矿产预测理论为指导,充分利用工作区内所有地质勘查资料信息,以计算机现代信息技术处理为手段,开展成矿远景区圈定和潜在资源量估算,有效将地质勘查多学科信息用于矿床预测。

(5) 勘查区预测要素分析:包括筛选预测要素、划分预测要素类型及划分要素组合等。

① 筛选预测要素:根据典型矿床研究资料和区域成矿规律总结的区域成矿地质模型以及地质、物探、化探、遥感、自然重砂综合信息模型,按不同矿床类型确定预测要素,并按矿床类型对预测要素做分析。

② 划分预测要素类型:将要素划分为三类,必要的、重要的、次要的。

必要的:指在预测某一种矿床类型时必不可少的要素,比如此类矿床类型缺少了此要素,则未知区不存在预测对象。例如,航磁异常是磁性铁矿的必要元素,如果没有磁性局部异常,说明不存在磁铁矿。

重要的:指在预测工作中可以据此可确定预测区的具体空间范围和预测其资源量,但并不决定预测区能否存在的要素。例如,土壤化探异常中铜元素含量对预测铜矿而言属于重要的元素,但并非必要的元素。

次要的：指对划分预测区类别有一定作用，能增加预测区的可信度，但不根据此估算资源量、空间范围的要素。如遥感环状异常对于预测次火山热液型矿床是有意义的，但属于次要的元素。

③ 划分要素组合：a. 定位预测组合；b. 圈定预测区边界组合；c. 推断矿床数组合；d. 估算资源量组合。

4.1 铜山铜矿床矿产预测及找矿潜力分析

4.1.1 矿产预测要素分析

1. 成矿地质体

花岗闪长斑岩，根据邻近多宝山矿床斑岩体产状及铜山各矿体形态、品位特点，推断花岗闪长斑岩形态为狭长形，走向北西西，倾向南南西，侧伏向南东东。

本次研究识别出花岗闪长斑岩的岩枝（≤7 m）侵入石英闪长岩（含矿围岩）。标高范围是 −300～−600 m，钻孔深度为 830～1 160 m。斜长石发生绢云母化、伊利石-水白云母化，角闪石发生绿泥石化及绿帘石化，见少量黄铁矿＋黄铜矿。

2. 成矿构造与成矿结构面

成矿前构造：北西西向构造带（控岩构造）、北西西向褶皱伴生节理、石英闪长岩与围岩接触面，北西西构造带控制了岩体的侵位。成矿期构造：斑岩体顶部水压裂隙。成矿后构造：北西西向压扭断裂、东西向铜山断层，北西西向压扭断裂改造矿体呈狭长的纺锤形态，东西向铜山断层错开蚀变外带（青磐岩化带、石英-绢云母-伊利石-绿泥石化带）和矿化带，使 Ⅰ、Ⅱ、Ⅲ 号矿体因此错开叠置。

成矿结构面：如岩体顶部网脉状裂隙、北西西向褶皱伴生节理面等。

3. 成矿特征标志

成矿早阶段：① 钾化、钾硅化蚀变；② 脉系有 M 型脉（磁铁矿脉）、磁铁矿-黄铜矿±黄铁矿±石英脉、石英-钾长石-黄铜矿±黄铁矿脉（A 脉）；③ 发育气液两相水溶液包裹体和含子矿物多相包裹体，均一温度为 420～550 ℃或以上，流体盐度在 13.72％～59.76％之间。

成矿主阶段：① 石英-绢云母化，石英-伊利石-水白云母化蚀变；② 脉系有黄铁矿-黄铜矿脉、石英-黄铜矿-黄铁矿-辉钼矿脉、石英-黄铜矿-赤铁矿脉、石英-黄铜矿脉；③ 发育气液两相水溶液包裹体和含 CO_2 包裹体，均一温度为 241～417 ℃，流体盐度在 2.96％～14.04％之间。

成矿晚阶段：① 青磐岩化蚀变；② 脉系有石英脉、石英-绿泥石±绿帘石脉、石英-方解石脉；③ 仅发育气液两相水溶液包裹体，均一温度为 122～218 ℃，流体盐度在 3.71％～15.96％之间。

4. 物化探异常特征

磁异常特征：320～480 nT、局部可至 900 nT 的磁异常和矿体有较好的对应关系。黄铁绢云岩磁化率值常见于 350～641 nT 之间，平均为 495.5 nT，略高于青磐岩化的中性火山岩，青磐岩化的中性火山岩磁化率值常见于 170～354 nT 之间，平均为 262 nT。根据野外及镜下观察，前者略高的原因为较早期热液蚀变脉（石英-磁铁矿脉）的存在。

可控源音频大地电磁测深（CSAMT）异常特征：ρ_s 为 4 000～7 400 Ω·m 的低阻异常与

矿体有较好的对应关系。1064 线和 1096 线可控源音频大地电磁测深（CSAMT）异常显示下盘Ⅲ号矿体位置 ρ_s 处在 4 000～7 400 Ω·m 之间，其东南侧仍有低阻异常。

化探异常特征：铜山Ⅰ号矿体（铜）位置有 Cu-Mo-Pb-Zn-Mn-Ag 组合异常，铜山东南区金锌矿体位置为 Au-Ag-Pb-Zn-Bi-Hg 组合异常。

综合找矿预测要素分析，总结出铜山铜矿床"三位一体"找矿预测地质模型（表 4-1）。

表 4-1 铜山铜矿床"三位一体"找矿预测地质模型

成矿地质体	花岗闪长斑岩，推断走向北西西，倾向南南西，侧伏向南东东
成矿构造及成矿结构面	成矿构造：成矿前构造：北西向压扭断裂（控岩构造）、北西西向褶皱伴生节理、石英闪长岩与围岩接触面。成矿期构造：斑岩体顶部水压裂隙。成矿后构造：北西西向压扭断裂、东西向铜山断层。成矿结构面：岩体顶部网脉状裂隙、北西西向褶皱伴生节理面
成矿作用特征标志	成矿早阶段：① 钾化、钾硅化蚀变；② 脉系有 M 型脉（磁铁矿脉）、磁铁矿-黄铜矿±黄铁矿±石英脉、石英-钾长石-黄铜矿±黄铁矿脉（A 脉）；③ 发育气液两相水溶液包裹体和含子矿物多相包裹体，均一温度介于 420～550 ℃之间或以上，流体盐度介于 13.72%～59.76%之间。 成矿主阶段：① 石英-绢云母化，石英-伊利石-水白云母化蚀变；② 脉系有黄铁矿-黄铜矿脉、石英-黄铜矿-黄铁矿-辉钼矿脉、石英-黄铜矿-赤铁矿脉、石英-黄铜矿脉；③ 发育气液两相水溶液包裹体和含 CO2 包裹体，均一温度为 241 ℃至 417 ℃，流体盐度介于 2.96%～14.04%之间。 成矿晚阶段：① 青磐岩化蚀变；② 脉系有石英脉、石英-绿泥石±绿帘石脉、石英-方解石脉；③ 仅发育气液两相水溶液包裹体，均一温度为 122 ℃至 218 ℃，盐度介于 3.71%～15.96%之间
物化探异常特征	磁异常特征：320～480 nT，局部可至 900 nT 的磁异常和矿体有较好的对应关系。 可控源音频大地电磁测深（CSAMT）异常特征：ρ_s 界于 7 400～4 000 Ω·m 的低阻异常与矿体有较好的对应关系。 化探异常特征：Cu-Mo-Pb-Zn-Mn-Ag 组合异常指示铜矿体，Au-Ag-Pb-Zn-Bi-Hg 组合异常指示浅部和外围的金锌矿体

4.1.2 预测找矿地段及预测资源量

1. 预测找矿地段

铜山矿床蚀变-矿化复原：如果将铜山断层上盘沿着 115°方向向南东东方向移动恢复，使上盘西北部石英闪长岩岩体与围岩界线（1040 勘探线附近）和下盘石英闪长岩与安山岩的分界（1096 勘探线至 1100 勘探线中间位置）重合，上盘将沿铜山断层斜向运动约 1 300 m，垂向下降约 500 m，此时Ⅰ号矿体基本和Ⅲ号矿体对接，处于同一高程位置，Ⅱ号矿体西北部和Ⅳ、Ⅴ号矿体基本在同一位置。上下盘弱钾化区域基本重合，几个矿体整体构成纺锤状矿化分布，Ⅰ、Ⅱ号矿体东南部及东南侧为青磐岩化蚀变，上盘由南东东向北西西向为闪锌矿＋黄铁矿＋金→黄铜矿＋黄铁矿＋辉钼矿的金属组合变化，总体呈现由南东东至北西西向靠近热液蚀变中心的规律。复原后更符合斑岩矿床蚀变、矿化空间分布特征（图 4-1）。

预测找矿地段：铜山断层切开移动纺锤形态矿床（北西西走向）的东南部分，使该部分外围蚀变带和矿体抬升剥蚀，矿床北西西部分还未被勘查所完全控制，根据斑岩矿床矿体的分布规律推断下盘Ⅲ号矿体的西南侧位置应有尚未发现的成矿斑岩和厚大矿体，为找矿有利地段，矿体主体定位在 1064 至 1096 勘探线之间（图 4-2），铜山断层下盘Ⅲ号矿体西南侧约 400 m，深度标高为 -200～-900 m（图 4-3）。

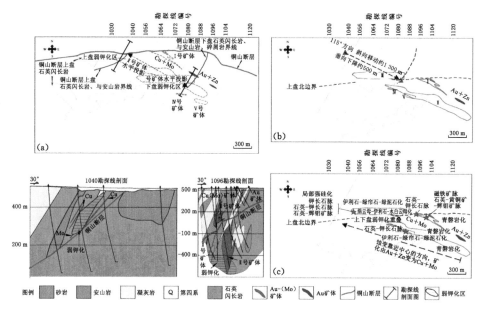

图 4-1 铜山矿床蚀变-矿化复原示意图

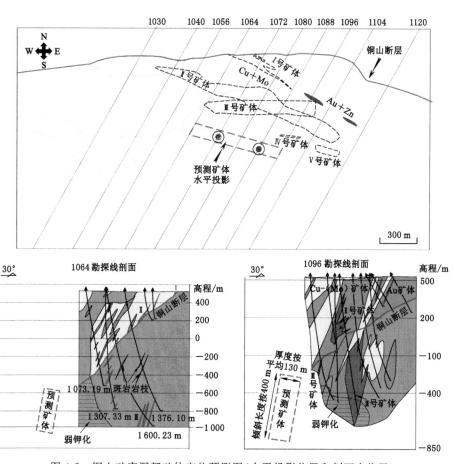

图 4-2 铜山矿床深部矿体定位预测图(水平投影位置和剖面中位置)

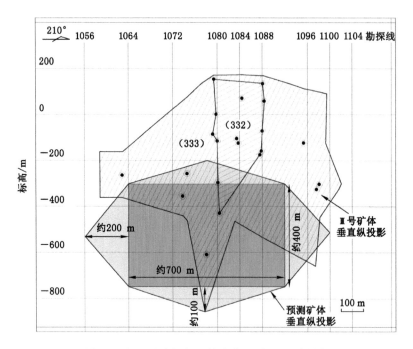

图 4-3　铜山矿床深部矿体定位预测图（垂直纵投影）

2. 预测资源量

估算资源量方法：采用体积法估算资源量，预测铜矿体体积＝投影面积×修正系数×厚度×修正系数。

预测找矿地段资源量的各参数需参考Ⅲ号矿体，Ⅲ号矿体平均厚度大于 130 m，钻孔控制程度高的倾斜长度至少有 480 m（表 4-2）。Ⅲ号矿体小体重（质量密度）平均值为 2.75 t/m³，Cu 平均品位为 0.45％。

表 4-2　Ⅲ号矿体基本信息

勘探线编号	矿体真厚度/m	矿体倾斜长度/m
1064	123.00	＞300
1072	138.56	＞600
1080	112.58	＞1 115
1084	142.03	＞744
1088	138.56	＞800
1096	156.60	＞870
1100	＞65.81	＞300

本次预测找矿地段在 1056 至 1100 勘探线之间，主体部分位于 1064 至 1096 勘探线，向周围尖灭，在矿体纵投影图上，主体部分长约 700 m，宽约 400 m，厚度按 130 m 计算。矿体主体部分投影面积的修正系数为 3/4，厚度的修正系数为 2/3，矿体尖灭部分投影面积修正系数为 1/2，厚度修正系数为 2/3。

预测铜矿体体积＝主体部分体积＋尖灭部分体积＝(700×400×0.75)×130×2/3＋(400×200×0.5＋700×100×0.5)×130×2/3＝18 200 000＋6 500 000＝24 700 000 (m³);

矿石量＝体积×小体重＝24 700 000×2.75＝6 792 (万 t);

Cu 金属量＝矿石量×平均品位＝6 792×0.45%≈30 (万 t)。

因此,铜山矿区预测资源量 Cu 金属量约 30 万 t。

4.2 争光金矿床矿产预测及找矿潜力分析

4.2.1 矿产预测要素分析

1. 成矿地质体

本次研究在争光Ⅰ号矿带钻孔岩心中发现了两种疑似的成矿母岩,分别是英安斑岩和石英斑岩,均产于争光金矿Ⅰ号矿带。

英安斑岩主要发现于争光金矿区北部Ⅰ号矿带(钻孔 058-8 中 281～323 m 段以及 600～644 m 段发育),局部发育绢云母-伊利石化。英安斑岩中局部发育有石英脉及褐铁矿细脉。

石英斑岩出露于争光矿区北部Ⅰ号矿带钻孔 060-2 的 110～135 m 段。岩石发育明显的绢云母化和伊利石化。

对争光金矿而言,根据其与铜山铜矿和多宝山铜矿的空间分布的紧密关系结合车合伟等(2015)对于争光Ⅰ号矿带中英安斑岩的锆石 U-Pb 定年结果,认为争光金矿英安斑岩形成于早奥陶世 478～481 Ma;宋国学等(2015)最新的研究成果表明争光金矿形成时代与铜山铜矿基本同时。从出露规模及蚀变、脉系等特征来看,该英安斑岩比石英斑岩更可能是争光中低温热液金锌矿的成矿地质体。

2. 成矿构造与成矿结构面

争光金矿床的成矿构造中成矿前构造、成矿期构造以及成矿后构造都有发育。控矿构造为成矿前和成矿期脆性断裂及伴生的小裂隙。含矿热液在遇到这些张性空间后压力突然下降、流体发生沸腾,发生硫化物的卸载过程,形成石英-硫化物脉及纯硫化物脉,金和这些硫化物及石英一起沉淀在其中。因此争光的成矿结构面以断裂构造及伴生的张性裂隙为主,也有少量为水压致裂形成的比较局限的延伸较短的裂隙。

3. 成矿特征标志

争光金矿床的成矿特征标志主要为褐铁矿(地表)、细粒他形黄铁矿及细粒闪锌矿(原生矿)以及绢英岩化蚀变。工业品位的金矿体与绢英岩化密切相关,故绢英岩化蚀变应为争光金矿床及同类中低温热液金矿的重要找矿特征标志。

4. 物化探异常特征

(1)地球化学标志

土壤和岩石地球化学异常以 Au、Ag、As 元素为主,其中 Au 具内、中、外三带,伴生组合异常有 Cu、Pb、Zn、Sb 等。

(2)地球物理标志

正负磁场梯度带及其附近低磁区,激电联剖反交点异常,为金矿体赋存范围。氧化矿体表现为高阻中等极化,原生矿体表现为低阻高极化的异常特征。

综合找矿预测要素分析,总结争光金矿床"三位一体"找矿预测地质模型(表4-3)。

表4-3 争光金矿床"三位一体"找矿预测地质模型

成矿地质体	早古生代的火山机构以及同时代的英安斑岩和石英斑岩。从出露规模及蚀变、脉系等特征来看英安斑岩比石英斑岩更可能是争光中低温热液金锌矿的成矿地质体
成矿构造及成矿结构面	成矿构造:成矿前构造以区域上轴向北西多宝山复背斜和石灰窑复向斜,以及北西向弧形片理化带为基础构造。小构造包括凝灰质粉砂岩的沉积层理构造、早期与北西向片理化带同期配套的少量断裂构造;成矿期构造以成矿时构造运动形成的断裂构造及伴生裂隙、水压致裂构造为主,与成矿前断裂构造一起构成主要的含矿构造;成矿后脆性断裂与少量褶皱,成矿后构造在争光Ⅱ号矿体露天采坑十分发育。 成矿结构面:脆性断裂的断裂面及水压致裂的裂隙面;断而未错的节理面;安山岩与凝灰岩岩性界面
成矿作用特征标志	成矿早阶段:① 蚀变以青磐岩化和次生石英岩化为主;② 脉系组成主要为石英-黄铁矿,部分脉系含有少量钾长石;③ 石英-黄铁矿阶段流体包裹体不发育,目前无包裹体数据。 成矿主阶段:① 蚀变以绢英岩化和硅化为主,脉系中含少量碳酸盐;② 脉系以石英-多金属硫化物为主要特征;③ 石英-多金属硫化物阶段均一温度集中于150~220 ℃,流体密度介于0.75~0.99 g/cm³ 之间,盐度为0.6%~8.7%;方解石-石英-多金属硫化物阶段集中于140~190 ℃,流体密度介于0.78~0.97 g/cm³ 之间,盐度为0.3%~10.4%。 成矿晚阶段:① 蚀变以碳酸盐化及少量硅化为特征;② 发育较多的晚期石英细脉、石英-碳酸盐、碳酸盐脉、碳酸盐-绿泥石脉;③ 方解石阶段流体包裹体均一温度集中于130~150 ℃,流体密度介于0.89~0.97 g/cm³ 之间,盐度为0.9%~4.9%
物化探异常特征	地球化学标志:土壤和岩石地球化学异常以Au、Ag、As元素为主,伴生组合异常有Cu、Pb、Zn、Sb等。 地球物理标志:正负磁场梯度带及其附近低磁区,激电联剖反交点异常,为金矿体赋存范围。氧化矿体表现为高阻中等极化,原生矿体表现为低阻高极化的异常特征

4.2.2 预测找矿地段及预测资源量

1. 预测找矿地段

依据已发现矿体的产状、品位分布以及钻孔岩芯的蚀变特征,推测Ⅱ号矿带东边的深部还有相应的隐伏矿体。推断的隐伏矿体位置的垂直剖面和水平投影位置分别如图4-4和图4-5所示。

2. 预测资源量

估算资源量方法:采用体积法估算资源量,预测铜矿体体积=投影面积×修正系数×厚度×修正系数。

预测找矿地段资源量的各参数。Au平均品位按照黑龙江宝山矿业有限公司于2009年8月提交的《黑龙江省黑河市争光岩金矿勘探报告》Ⅰ、Ⅱ号矿体的平均品位3.25×10^{-6},原生矿体小体重按照平均值3.11 t/m³进行资源量预测计算。

本次预测矿体平均间距约200 m、宽度为100 m、厚度为25 m,预测矿体尖灭长度50 m、尖灭宽度25 m。矿体主体部分投影面积的修正系数为3/4,厚度的修正系数为2/3,矿体尖灭部分投影面积修正系数为1/2,厚度修正系数为2/3。

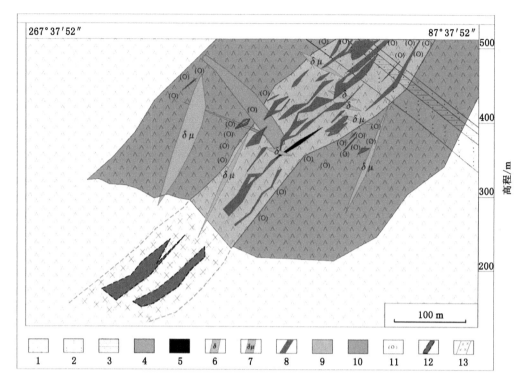

1—多宝山组安山岩;2—多宝山组安山质凝灰岩;3—多宝山组凝灰质粉砂岩;4—胶结热液角砾岩;

5—火山角砾岩;6—闪长岩脉;7—闪长玢岩脉;8—工业品位金矿体(≥1.3 g/t);9—绢英岩化;

10—青磐岩化;11—硅化;12—预测矿体位置;13—预测绢英岩化蚀变带。

图4-4 争光金矿隐伏矿体定位垂直剖面预测图

预测金矿体体积＝主体部分体积＋尖灭部分体积＝（200×100×3/4）×25×2/3＋（200×25×1/2＋100×50×1/2）×25×2/3≈250 000＋83 333.3＝333 333.3（m^3）;

矿石量＝体积×小体重＝333 333.3×3.11＝1 036 666.563（t）;

Au金属量＝矿石量×平均品位＝1 036 666.563×3.25×10^{-6}＝3.369（t）≈3.4（t）。

因此争光矿区预测资源量Au金属量约3.4 t。

4.3 三道湾子金矿床矿产预测及找矿潜力分析

4.3.1 矿产预测要素分析

根据三道湾子金矿成矿地质背景及矿床特征,主要从构造环境、富矿层位、侵入岩、物探特征、化探特征、矿床特点等要素进行分析。

1. 构造环境

构造环境为指示区域找矿的重要因素,但多用于更宏观找矿。工作区大地构造位置在大兴安岭弧盆系之扎兰屯-多宝山岛弧Ⅲ级大地构造单元内,即北东向的罕达汽-五道沟-三道湾子金矿及有色金属成矿带东端。

本区各部位构造环境基本相同,所以构造环境为次要预测要素。

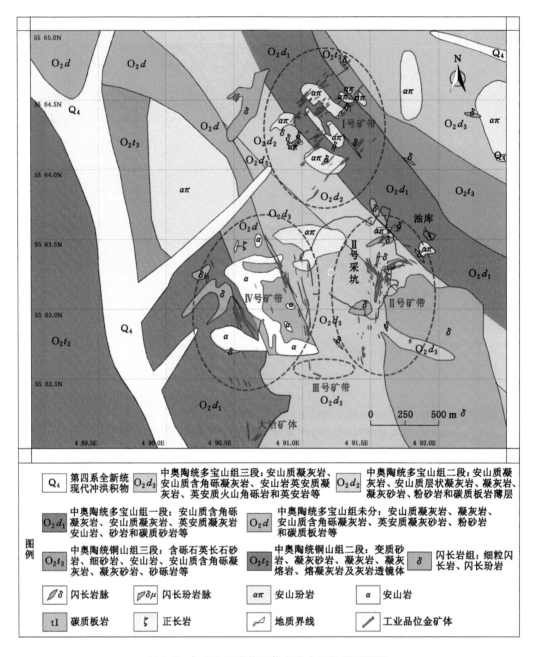

图 4-5　争光金矿隐伏矿体定位水平投影预测图

2. 富矿层位

陆相火山岩-次火山岩具有明显的成矿专属性,金(铜)矿床的成矿地质体主要为中性岩,三道湾子金矿床、北大沟金矿床为陆相火山岩型矿床,都赋存于下白垩统龙江组中性火山岩中,总体呈 NE 向展布。主要岩性有安山岩、安山玄武岩、安山质火山集块岩、安山质火山角砾岩、凝灰岩等。龙江组地层中金背景值较高,对成矿极为有利。

因此,龙江组中性火山岩地层为本次必要的预测要素。

3. 侵入岩

本区侵入岩较发育,有早侏罗世二长花岗岩、早侏罗世石英闪长岩等。但本区典型矿床三道湾子金矿床、北大沟金矿床等都为陆相火山岩型,只有三道湾子铜钼矿化点、法别拉河铜钼矿化点产于二长花岗岩中。因此,侵入岩不是本次预测要素。

4. 构造

三道湾子矿区以北西向断裂为主,北东向次之,含金石英脉主要充填在北西向断裂带中。该带中见有多条含金石英脉和矿化蚀变带,大体平行排列,成群出现,走向290°～320°,倾向北东,倾角50°～70°。石英脉中见围岩角砾、石英脉自身有硅质细脉及网脉穿插,石英脉两侧多见有热液硅化角砾岩,局部脉体及围岩有同向的断裂破碎带,其空间分布特征显示为张(扭)性。北东向构造为控矿构造,北西向构造是导矿和容矿构造。北大沟金矿区北西向断裂也很发育,为赋矿断裂;北东向断裂次之,为破坏性断裂。含金石英脉主要充填在北西向断裂带中。石英脉成群出现,侧列分布,反映出容矿断裂呈羽状展布的特点。主体断裂走向290°～320°,倾向北东,倾角50°～80°,其空间分布特征显示为张(扭)性。断裂带石英脉中见围岩角砾,石英脉自身有硅质细脉及网脉穿插,石英脉两侧多见有热液硅化角砾岩,表明断裂活动具有多期性。

综上,工作区内北西向构造发育,为富矿断裂,但区内各处构造活动具有多期性,方向复杂,因此北西向构造为重要预测因素。

5. 物探特征

① 1∶5万航磁特征:通过1∶5万航磁等值线图可以看出,工作区内三道湾子、北大沟等矿床(矿点)多分布于平静的负磁场内,磁场强度为0～－200 nT,但区域上平静的负低磁场面积大、分布广,与化探异常、成矿地质体不完全吻合,所以平静的负低磁场为次要预测要素。

② 1∶1～1∶2万物探特征:在1∶1万高精度磁测中,三道湾子金矿位于正负磁场杂乱环境中。在视极化率等值线图中,三道湾子金矿床位于视极化率1.5％～3％之间,北大沟金矿床位于2.5％～6％之间;在视电阻率等值线图上,三道湾子金矿床位于视电阻率300～1 000 Ω·m之间,北大沟金矿床位于视电阻率300～400 Ω·m之间,两个矿床的大比例尺磁法、电法表现大致相同,但是略有差异。

因此,地球物理特征为次要预测要素。

6. 化探异常

① 1∶5万水系沉积物分析:根据三道湾子重点工作区区域上已开展过的1∶5万水系沉积物测量结果,工作区内水系沉积物各元素平均含量与黑龙江省平均值相比,Au含量明显高出全省平均值,Ag、As、Sb元素含量略高于全省平均值。与1∶20万罕达汽、黑河市幅化探平均值相比,Au含量明显高出1∶20万罕达汽、黑河市幅化探平均值,As、Sb、Pb含量略高于1∶20万罕达汽、黑河市幅化探平均值。变异系数(Cv)能反映元素含量在地质体中的相对离散程度,变异系数(Cv)大表明元素强分异,元素含量的分布不均匀,可能有局部的富集。区内变异系数由高到低为Au、As、Sb、Mo、Ag、W、Pb、Cu、Zn,Au变异系数为30.5,说明Au分布极不均匀,局部富集,形成金矿的可能性极大。

区内Au异常发育好,浓度高,规模大,与Ag、As、Sb等元素套和紧密。其中三道湾子金矿床位于新-06-HS-50组合异常内,以Au元素异常为主,面积为2.55 km²,平均值为

26.1×10^{-9},极大值为 109.6×10^{-9}。北大沟金矿床位于新-06-HS-36 异常内,组合异常以金为主,Au、Ag、As、Sb 等元素套合好,Au 极大值为 220×10^{-9}、规模为 54.35,具浓度内带。纳金口子西山金矿点位于新-06-HS-47 等。

已知矿床、矿点与水系沉积物异常吻合好,特别是金矿床、矿点和 Au 元素化探异常吻合好,因此区内 1:5 万化探异常是预测区域远景区的重要预测要素。

② 1:1 万～1:2 万土壤测量:在三道湾子金矿区及周围开展了 1:1 万～1:2 万土壤测量,圈定了单元素异常与组合异常。其中三道湾子金矿床与 01Ht-2 组合异常吻合好,属甲$_2$类,异常面积为 0.64 km^2,最高值为 650×10^{-9},强度为 75.1×10^{-9},规模为 5.02,由 Au、Ag-1、Ag-2、As-4、As-5、Sb-3、Sb-4、Sb-6 共 8 个异常套合而成;以 Au-2 异常为主,异常呈不规则状、北西向展布,该异常为矿致异常。北大沟金矿床位于 03Ht-3 组合异常内,面积最大;各元素异常套合较好,尤其是 Au、Ag、As、Sb 异常套合相当好;其中 03Ht-Au-23 号异常面积为 1.442 km^2,有 9 处浓集中心,极大值为 263.3×10^{-9},平均值为 30.8×10^{-9},异常点数为 154 个,土壤异常浓集中心见石英脉宽 0.9 m,该异常为矿致异常。

因此,土壤异常是重要预测要素。

7. 矿床特点

三道湾子金矿床、北大沟金矿床成因类型为与燕山期火山活动有关的陆相火山岩型金矿床。金矿化富集规律表现为金主要富集在灰白色石英脉、硅质胶结角砾岩和强硅化安山岩中,以硅化与金矿化关系最为密切,含金石英脉均赋存在白垩系下统龙江组火山岩北西向次级张性断裂带中。

本区内主要典型矿床都为陆相火山岩型金矿床,但区内其他矿点成因有所不同,因此陆相火山岩型金矿床和以石英脉为主的硅化是重要的预测要素。

8. 遥感信息

本区为浅覆盖区,森林植被覆盖严重,遥感解译和异常提取标志不明显,因此遥感信息不是本次预测要素。

综合上文所述,"三道湾子式"金矿预测要素有:龙江组火山岩,以金为主的化探异常,火山热液性金矿床,石英脉。

简言之,"三道湾子式"金矿预测是指大兴安岭弧盆系之扎兰屯-多宝山岛弧Ⅲ级大地构造单元内下统龙江组火山岩地层北西向张性断裂带中的陆相火山岩型金矿。预测的标志还包括以金异常为主的化探异常和以石英脉为主的硅化。

综合找矿预测要素分析,总结出三道湾子金矿床"三位一体"找矿预测地质模型(表4-4)。

表 4-4　三道湾子金矿床"三位一体"找矿预测地质模型

成矿地质体	闪长玢岩(深部推测的潜火山岩)
成矿构造及成矿结构面	成矿构造:成矿前构造为北东向张性断裂(控岩构造,控制龙江期大面积火山岩的喷发定位);成矿期构造为北西向张扭性断裂(控矿构造,直接控制石英脉、矿体的形态与分布);成矿后构造为北北东向、近南北向张性断裂,错断矿体,形成沿断裂展布的闪长玢岩及辉绿玢岩。 成矿结构面:北西向扭张性裂隙面

表 4-4(续)

成矿地质体	闪长玢岩(深部推测的潜火山岩)		
成矿作用特征标志	成矿早阶段:表现为石英脉大脉的形成及硅化角砾岩的形成,以硫化物与少量黄铁矿为主,更少量为黄铜矿、方铅矿、闪锌矿等硫化物矿物组合;均一温度为 403～280 ℃;以硅化为主。 成矿主阶段:以碲金银矿、针碲金银矿大量碲化物出现为主,碲化物矿脉的出现为最富集的矿化阶段,阶段后期出现黄铜矿细脉,最后出现独立自然金阶段;均一温度为 280～200 ℃;硅化＋含黄铁绢英岩化。 成矿晚阶段:晚期矿化阶段为石英脉-碳酸盐阶段,表现为穿切矿石及围岩的石英-碳酸盐脉共生微细脉,为无矿化阶段;均一温度为 200～140 ℃;碳酸盐化＋硅化＋含黄铁绢英岩化＋泥化(高岭土化)＋青磐岩化		
物化探异常特征	1∶5 万航磁特征:磁场强度在 0～−200 nT 之间。 1∶1～1∶2 万物探特征:视极化率在 1.5%～3% 之间,视电阻率为 300～1 000 Ω·m。 化探特征:组合异常以金为主,Au、Ag、As、Sb 等元素套合好		

4.3.2　预测找矿地段及预测资源量

根据预测要素分析,结合本区内已开展不同阶段的工作内容,共划分出 4 个成矿远景区、6 个找矿靶区(图 4-6)。其中 Ⅰ 级成矿远景区 1 个,Ⅱ 级成矿远景区 2 个,Ⅲ 级成矿远景区 1 个;其中 Ⅰ 级找矿靶区 1 个,Ⅱ 级找矿靶区 1 个,Ⅲ 级找矿靶区 4 个;在 Ⅰ 级找矿靶区内预测出 2 找矿靶位和 2 个有利成矿地段。其各个区特征如下:

1. 成矿远景区

① 三道湾子 Ⅰ 级成矿远景区

三道湾子 Ⅰ 级成矿远景区位于三道湾子村北阿尔滨河南与疙瘩沟东侧区域,地理坐标为北纬 50°21′08″～50°26′38″、东经 126°58′31″～127°07′24″,面积约 70 km²。

成矿远景区内出露的地层主要为下白垩统龙江组($K_1 l$)的安山岩、安山质集块岩、安山质火山角砾岩、凝灰岩等中性火山岩;光华组($K_1 gn$)的英安岩、流纹岩、英安质火山角砾岩、珍珠岩、熔结凝灰岩等酸性火山岩;少量泥鳅河组($D_1 n$)的角岩化片理化砂岩、板岩、千枚状板岩、凝灰质粉砂岩。龙江组、光华组火山岩分布于远景区的北部,呈北东向展布。泥鳅河组地层与燕山期的中粒二长花岗岩($J_1 \eta\gamma$)、石英闪长岩($J_1 \delta o$)呈带状北东向分布于远景区的南东部。侵入岩与泥鳅河组的分布受北东向的断裂控制,该断裂也是火山断陷盆地的边缘断裂。区内的火山岩硅化、褐铁矿化、黏土化强烈,石英脉发育,并发育有中酸性的脉岩。

远景区内的构造较发育,南侧为近东西向的法别拉河近东西向的大断裂,北侧有阿尔滨河北东向的断裂,南侧有北东向的 F_{13} 断裂,区内中部发育有北西向的北大沟断裂,西部发育有北西向的疙瘩沟断裂。

成矿远景区内 1∶5 万航磁主要处于负磁场内,磁场强度为 −200～400 nT,局部磁异常强度可达 800～900 nT。1∶20 万重力等值线图上,等值线宽缓,傲山-纳金口子重力高位于区的中部,向南、北重力值降低,南侧为法别拉河重力低带,北侧为霍尔沁一队地营子-象山水电站北东向重力低带,区内重力加速度水平梯度变化较小,为每千米 1.5×10⁻⁵ m/s² 左右。

成矿远景区内有新-06-HS-35、新-06-HS-36、新-06-HS-49、新-06-HS-50、新-06-HS-51 等组合异常,主要反映金成矿系列的指示元素组合,主成矿元素金异常面积大、规模大、浓度梯度变化大。在新-06-HS-50 组合异常的 Au-56 内发现三道湾子岩金矿。新-06-HS-36

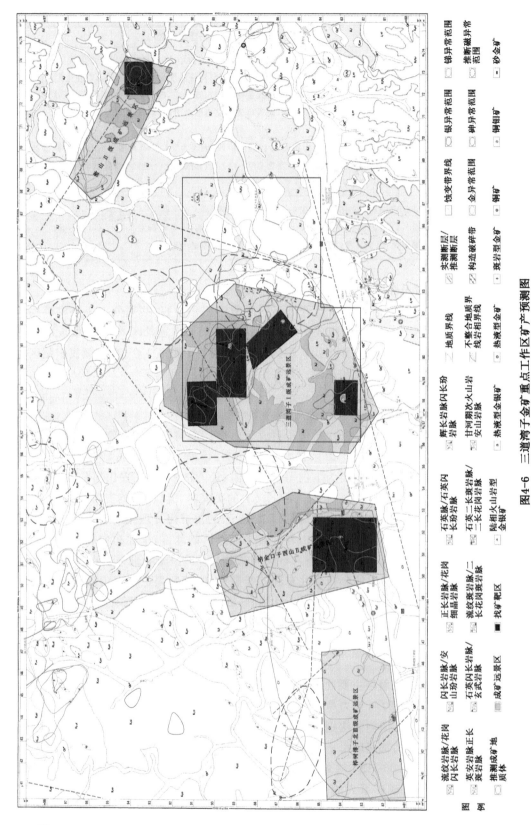

图4-6 三道湾子金矿重点工作区矿产预测图

组合异常面积最大,异常元素多。其中的 Au-36 异常面积大,具有多处浓集中心,在最大的浓集中心内发现了北大沟岩金矿。其中的 Mo-27 号异常面积约 18 km²,异常规模为 47.01,具有多处浓集中心,在该异常内有三道湾子铜钼矿化点。成矿远景区内金、钼元素异常规模较大,金异常规模约占组合异常内金异常总规模的 7%,钼异常规模约占组合异常内钼总规模的 68%,结合地质构造特征,成矿远景区内具有很好的成矿条件。

此成矿远景区位于三道湾子重点工作区内。

② 纳金口子西山Ⅱ级成矿远景区

纳金口子西山Ⅱ级成矿远景区分布于纳金口子西山以南、法别拉河与纳金沟之间地区,地理坐标为北纬 50°20′45″～50°25′16″、东经 126°51′57″～126°56′44″,面积约 32 km²。

成矿远景区内出露的地层有古生界多宝山组($O_{1-2}d$)变流纹岩、变安山岩、蚀变英安质火山角砾岩、糜棱岩化英安岩;裸河组(O_3l)变质细砂质粉砂岩、细砂岩、含砾中粒砂岩、中粗粒砂岩、砂砾岩,岩石均受到韧性剪切作用,形成糜棱岩化砂岩、砂质糜棱岩;黄花沟组(S_1h)的粉砂质板岩、变粉砂泥质岩、变粉砂岩等。侵入岩有中华力西期的花岗质糜棱岩($C\gamma$),燕山早期的中粒二长花岗岩($J_1\eta\gamma$),燕山晚期的中粒二长花岗岩($K_1\eta\gamma$)。区内脉岩较发育,主要有花岗斑岩、闪长岩、石英闪长岩、流纹岩、英安岩等。

区内东西两侧发育有北西向的纳金沟断裂、乌里亚沟断裂。远景区的南侧发育有法别拉河近东西向的断裂,该断裂是新开岭变质核杂岩北部的拆离断层。远景区的南部发育有宽近 3 km 的韧性剪切带,在该构造带内的多宝山组、裸河组、黄花沟组地层及华力西期花岗岩均已糜棱岩化形成糜棱岩化岩石及糜棱岩。韧性剪切带构造有利于岩金矿的形成,经过异常检查,本次工作在糜棱岩内已发现岩金矿化体 4 条,宽 1～3 m,表明该区具有较好的找矿前景。

成矿远景区处于的正负磁场交界内,中部为正磁场强度(0～500 nT),北部为低缓的负磁场。区内重力场平缓,重力等值线呈北西向展布,布格重力异常值为(4～6)×10^{-5} m/s²。

成矿远景区内发育有新-06-HS-34、新-06-HS-47、新-06-HS-48 组合异常,新-06-HS-34 组合异常排在组合异常的第 9 位,该组合异常以 Pb、Ag 元素异常为主,Pb-12、Ag-22 在单元素异常排序中均在第 2 位,且异常面积、规模较大。新-06-HS-47 组合异常排在组合异常的第 8 位,该异常以金元素异常为主,Au-39 在单元素异常排序中为第 7 位,该异常面积、规模均较大。该成矿远景区对金、银及铅等金属成矿较为有利。

③ 傲山Ⅱ级成矿远景区

傲山Ⅱ级成矿远景区分布于傲山南,呈北西向分布,地理坐标为北纬 50°26′16″～50°28′53″、东经 127°08′21″～127°13′29″,面积约 15 km²。

远景区内出露的地层有泥鳅河组(D_1n)角岩化片理化砂岩、板岩、千枚状板岩、凝灰质粉砂岩;龙江组(K_1l)的安山岩、安山质集块岩、安山质火山角砾岩、凝灰岩;光华组(K_1gn)流纹岩、英安岩、流纹质火山角砾岩、珍珠岩、熔结凝灰岩。远景区的南北两侧发育有北西向的阿尔滨河断裂(F_{17})、F_{24}解译断裂,北东向的断裂发育有 F_{13}、F_{29} 断裂。区内古生界地层发育有片理化,并发现傲山岩金矿化点。

远景区内的磁场变化较大,区内南东部为抖动的正磁场,磁场强度为 200～900 nT,区内北西部为低缓的磁场,磁场强度为 -100～100 nT。区内重力场处于傲山至 292.8 高地北西向重力高带上,布格重力异常值在(8～14)×10^{-5} m/s² 之间。

区内组合异常有新-06-HS-29、新-06-HS-30。其中新-06-HS-29 异常元素为金、砷、钨,在该异常的东侧为傲山岩金矿化点;新-06-HS-30 异常元素为金、砷、锑,在组合异常排序中位于第 5 位,在对新-06-HS-30 异常检查中,在英安岩内发现较好的硅化、黄铁矿化,用捡块法分析的金含量为 0.2 g/t。区内主成矿元素是金,是一套金成矿元素异常系列,有较好的找矿前景。

④ 桦树排子北Ⅲ级成矿远景区

远景区分布于桦树排子北、法别拉河西岸,呈东西向带状分布,地理坐标为北纬 $50°20'00''\sim50°22'34''$、东经 $126°45'00''\sim126°50'57''$,面积约 20 km²。

桦树排子北Ⅲ级成矿远景区内出露的地层有古生界多宝山组($O_{1-2}d$)变流纹岩、变安山岩、蚀变英安质火山角砾岩、糜棱岩化英安岩;裸河组(O_3l)变质细粉砂质粉砂岩、细砂岩、含砾中粒砂岩、中粗粒砂岩、砂砾岩。侵入岩有中华力西期糜棱岩化花岗岩($C\gamma$)、燕山早期中粒二长花岗岩($J_1\eta\gamma$)。异常区位于韧性剪切带内,石炭纪花岗岩及古生界地层均已糜棱岩化,区内北部发育一条近东西向的隐伏断裂,桦树排子林场西侧发育有北西向的 F_{11} 断裂。

远景区内的磁场平缓,磁场强度为 $0\sim100$ nT。远景区的北侧有一条近东西向的航磁梯度变化带,磁异常强度由 100 nT 增强到 500 nT。重力场位于霍尔沁一队地营子-象山水电站北东向重力低带的南西侧,布格重力异常值为 $(-4\sim0)\times10^{-5}$ m/s²。

远景区内有新-06-HS-44、新-06-HS-45 以及 Au-30、Au-31、Au-32、Au-33、Au-34、Au-38 等单元素异常。异常区内成矿元素为金,金异常分布较多,且分带明显、规模较大。新-06-HS-44 组合异常在排序中为第 14 位,土壤测量金元素平均值为 3.3×10^{-9},最高值达 178.1×10^{-9},较有利于金元素的进一步富集成矿。在该远景区的南部的桦树排子废墟西有岩金矿化点,区内近东西向的河谷内含在砂金矿,该区的地质构造条件较有利于金元素的富集成矿。

2. 预测靶区

① 三道湾子Ⅰ级预测靶区

该靶区位于三道湾子Ⅰ级成矿远景区内,地理坐标为东经 $127°00'10''\sim127°01'17''$、北纬 $50°21'18''\sim50°21'42''$,面积约为 1.1 km²,三道湾子岩金矿床位于此靶区内。

区内主要出露下白垩统龙江组中性火山岩,东北部出露下白垩统光华组火山岩,岩石发育硅化、黄铁矿化等,西南部出露早侏罗世二长花岗岩。

靶区位于新-06-HS-50 水系组合异常内的 Au-56 异常上,浓度中心与矿床吻合,在三道湾子矿区及周围土壤测量中,发育 01Ht-2 组合异常,异常面积为 0.64 km²,Au 最高值为 650×10^{-9},强度为 75.1×10^{-9},规模为 5.02,由 Au-2、Ag-1、Ag-2、As-4、As-5、Sb-3、Sb-4、Sb-6 共 8 个异常套合而成。以 Au-2 异常为主,异常呈不规则状、北西向展布,浓集中心与已知Ⅰ~Ⅲ矿带各矿体分布范围吻合,方向一致。在高精度磁测中表现中低正磁场特征,磁场强度为 $0\sim500$ nT,在视极化中表现为低级化率的特点,极化率多在 1‰~3‰ 之间。在视电阻率上表现为中低阻特征,视电阻率为 $300\sim1\,000$ Ω·m。

区内以北西向断裂为主,北东向次之,含金石英脉主要充填在北西向断裂带中。

靶区内有成矿地质体白垩纪下统龙江组中性火山岩地层,并发育硅化,化探异常规模大、浓度高。应加大找矿力度,能够使矿床规模扩大并提供可进一步勘查的矿产地,属Ⅰ级预测靶区。

② 北大沟Ⅱ级预测靶区

该靶区位于三道湾子Ⅰ级成矿远景区内,地理坐标为东经 $127°00'55''\sim127°03'23''$、北纬 50°24′05″～50°24′49″,北大沟金矿床位于此靶区内。

区内东部主要出露下白垩统龙江组中性火山岩,中部出露下白垩统光华组中酸性火山岩,局部被第四系松散堆积物覆盖。其中富矿地层下白垩统龙江组中性火山岩中局部发育硅化、黄铁矿化。

靶区位于新-06-HS-36 水系组合异常内的 Au-46 异常上,浓度中心与矿床吻合,在三道湾子矿区及周围土壤测量中,03Ht-3 组合异常的面积达 4.363 km²。各元素异常套合较好,尤其是 Au、Ag、As、Sb 异常套合相当好。其中 03Ht-Au-23 号异常面积为 1.442 km²,有 9 处浓集中心,Au 极大值为 263.3×10^{-9},平均值为 30.8×10^{-9},异常点数为 154 个。经地表工程揭露,土壤异常浓集中心见石英脉(宽 0.9 m),圈定出一条长 165.6 m、平均厚度 4.4 m、最高品位达 236.10×10^{-6} 的金矿体。该异常为矿致异常。

该靶区在视极化率等值线上表现为中部中高极化、四周低极化的特点,中部极化率多为 3%～5%,局部最高可达 8%,边部极化率多集中为 1%～3%。在视电阻率上有中西部中低电阻率、东部高电阻率的特点,中西部电阻率多为 200～400 Ω·m,东部多集中为 400～800 Ω·m。

北大沟金矿区北西向断裂也很发育,为赋矿断裂;北东向断裂次之,为破坏性断裂。

靶区内有成矿地质体白垩纪下统龙江组中性火山岩地层,并发育硅化,化探异常规模大、浓度较高。应加大找矿力度,能够使矿床规模扩大并提供可进一步勘查矿产地,该靶区划为 Ⅱ 级预测靶区。

③ 340 高地 Ⅲ 级预测靶区

该靶区位于三道湾子 Ⅰ 级成矿远景区内,地理坐标为东经 126°59′14″～127°00′55″、北纬 50°24′51″～50°25′35″。

靶区内全部出露下白垩统龙江组中性火山岩。

靶区位于新-06-HS-36 水系组合异常内的 Au-42 异常内,在三道湾子矿区及周围土壤测量中,03Ht-3 组合异常边部和 03Ht-4 组合异常内,组合异常 Au-4 异常发育较好,极大值为 280×10^{-9},平均值为 40.3×10^{-9},发育浓度内带,Au 异常与其他元素套和较差。

在视极化率等值线上表现为中低极化的特点,极化率表现为 1%～3%,整体上表现为南高北低的趋势。在视电阻率等值线上表现为中低电阻率的特点,视电阻率集中为 100～400 Ω·m,整体上表现为中部高,南北部变低的趋势。

靶区内有发育成矿地质体白垩纪下统龙江组中性火山岩地层,化探异常较好,有找矿潜力,划为 Ⅲ 级预测靶区。

④ 三道湾子北地营子 Ⅲ 级预测靶区

该靶区位于三道湾子 Ⅰ 级成矿远景区内,地理坐标为东经 127°01′22″～127°03′38″、北纬 50°23′17″～50°24′35″,呈北西向带状分布,三道湾子铜钼矿化点位于该靶区内。

靶区内主要出露下白垩统光华组中酸性火山岩,北边部出露下白垩统龙江组中性火山岩,南边部出露早侏罗世二长花岗岩。

靶区位于新-06-HS-36 水系组合异常内,在三道湾子矿区及周围土壤测量中发现的 02Ht-1 组合异常 Au-6 异常内,异常发育浓度中带,极大值为 12.8×10^{-9},平均值为 9.9×10^{-9},与其他元素套和较好。

靶区内高精度磁测上表现为中低正磁场,整体表现为北西低、南东高的特点。在视极化率等值线上表现为高极化的特点,极化率多为3‰~9‰,最高值为14‰,在视电阻率等值线上表现为高阻的特点,视电阻率多为400~100 Ω·m,最高可达1 900 Ω·m。

靶区内局部发育成矿地质体白垩纪下统龙江组中性火山岩地层,化探异常较好,有找矿潜力;可划为Ⅲ级预测靶区。

⑤ 纳金口子西山Ⅲ级预测靶区

纳金口子西山找矿靶区为B级找矿靶区,该靶区位于纳金口子Ⅱ级成矿远景区内的南部,地理坐标为北纬50°21′00″~50°22′40″、东经126°53′48″~126°56′00″,面积约为9 km²。纳金口子—象山电站公路直达靶区。

区内出露的地层有多宝山组变中酸性火山岩,裸河组糜棱岩化中粒长石砂岩、粗中粒砂岩、砂砾岩、砂质糜棱岩,黄花沟组变质粉砂岩、粉砂质板岩。出露的侵入岩有中华力西期的花岗质糜棱岩、早白垩世中粒二长花岗岩。区内各填图单位内的金元素含量明显高于陆壳元素含量,银、砷、锑也略高于陆壳含量,区内各填图单位可为金元素的富集提供矿源。

靶区位于韩家地营子-纳金口子火山断陷盆地的边部,靶区内发育呈近东西向的韧性剪切带内。靶区的北侧为韧性剪切带的北边界,韧性剪切有利于金元素的进一步富集;靶区的西侧为乌里亚沟断裂;东侧为纳金沟断裂。靶区所处的构造位置对金矿的形成较为有利。

区内水系沉积物异常为新-06-HS-47组合异常,该异常以金为主,经土壤测量,圈出金元素异常28处、银异常16处、砷异常13处、锑异常7处、钨异常7处、钼异常13处、铜异常13处、铅异常17处、锌异常11处,圈出组合异常11处。经探槽工程查证,新发现4条岩金矿化体,矿化岩石为糜棱岩化砂岩、砂质糜棱岩、花岗质糜棱岩,矿化体宽1~3 m。

靶区内化探异常发育较好,构造发育,已发现金矿化体;可划为Ⅲ级预测靶区。

⑥ 大山口Ⅲ级预测靶区

大山口找矿靶区为C级找矿靶区,靶区位于傲山Ⅱ级成矿远景区的南部,地理坐标为北纬50°26′42″~50°27′29″、东经127°12′13″~127°13′27″。面积约1 km²。有农田道路通过靶区。

靶区内出露的地层有龙江组($K_1 l$)安山岩、安山质凝灰岩、火山角砾岩等;光华组($K_1 gn$)英安岩、流纹岩及其凝灰岩;孙吴组($N_{1-2} s$)松散含砾砂岩。龙江组及光华组的火山岩局部发育有黄铁矿化、硅化、碳酸盐化、褐铁矿化等矿化蚀变。区内水系沉积物测量有新-06-HS-30组合异常,经土壤测量在异常区内圈出金异常16个、银异常3个、砷异常4个、锑异常4个、钨异常3个、钼异常6个,组合异常4处。经工程揭露,在英安岩内见较强的黄铁矿化、硅化,蚀变矿化体宽2~3 m,经捡块分析金含量为0.2 g/t。

靶区内出露富矿地层下白垩统龙江组中性火山岩地层,局部发育硅化,化探异常较好;可划为Ⅲ级预测靶区。

3. 预测靶位

① 三道湾子靶区预测靶位

预测靶位的深度确定:根据叠加晕、前缘晕、近矿晕元素强度确定靶位在叠加晕下方的深度或标高,构造叠加晕中Au含量为0.5×10^{-6},近矿指示元素(Ag、Cu、Pb、Zn)和前缘晕指示元素(As、Sb、Hg、B)多数为中、内带强异常,指示盲矿体头较浅,可能为50~100 m;若Au含量为0.2×10^{-6},前缘晕指示元素(As、Sb、Hg、B)及近矿指示元素(Au、Ag、Cu、Pb、Zn)多数为中、外带异常,指示盲矿体头较深,可能为100~200 m;若Au含量≤0.1×10^{-6},

前缘晕指示元素（As、Sb、Hg、B）及近矿指示元素（Au、Ag、Cu、Pb、Zn）多数为外带弱异常，指示盲矿体头较深，可能为 200～300 m。

靶位长度、厚度延伸大小确定依据：根据叠加晕宽度确定靶位宽度，根据上部已知矿体厚度预测盲矿厚度。靶位延伸方向、大小确定依据：根据上部已知矿体侧伏方向确定靶位延伸方向，根据无矿间隔或弱矿化间隔和叠加晕组合及强度确定盲矿头部，根据已知矿体延伸大小确定靶位向深部延伸大小。

预测靶位分述如下：

位置：Ⅰ号矿体西部−300 m 以下 184 线以西，向深部应有较大的延伸。

地质依据：预测靶位的上部钻孔 ZK15901 为见矿孔，其中 Au 品位达 4.32 g/t、Ag 达 257 g/t，厚度较大（达 5.4 m）；两侧钻孔 ZK15905、ZK14902 中 Au 均为外带异常，Ag 含量分别达到 6.568 g/t、37.114 g/t，厚度分别达到 1.6 m 和 1.35 m。

叠加晕特征：钻孔 ZK15901、ZK15905、ZK14902 有 Au、Ag 强异常，前缘指示元素 As、Hg 有内带异常，Sb 为中带异常；近矿晕指示元素 Cu 为中带，Pb、Zn 为内带异常。尾晕指示元素 Bi、Mn、Ni 为中带异常，Mo 为内带异常，Co 为无异常。前尾晕共存，前缘晕相对较强、尾晕相对较弱。前尾晕共存，是矿体延伸较大的特征（图 4-7 至图 4-9）。

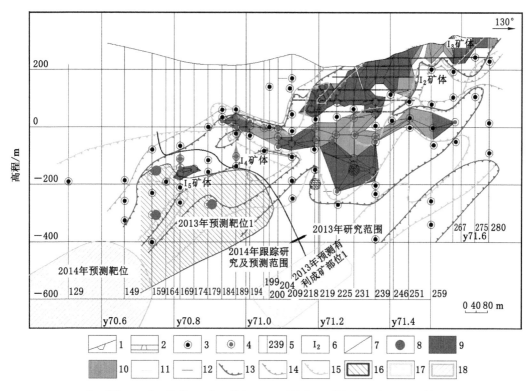

1—完工槽探；2—完工坑道；3—完工钻孔；4—见矿钻孔；5—勘探线及编号；6—矿体编号；

7—块段界线；8—验证见矿孔；9—工业品位矿孔（Au≥3.0×10⁻⁶）；

10—低品位矿体（1.0×10⁻⁶≤Au≤3.0×10⁻⁶）；11—2013 年构造叠加晕采样点位；

12—2014 年构造叠加晕采样点位；13—Au 中带异常（≥0.5×10⁻⁶）；14—Au 外带异常（≥0.1×10⁻⁶）；

15—Hg 中带异常（≥100×10⁻⁹）；16—2013 年预测靶位；17—2013 年预测有利成矿部位；18—2014 年预测靶位。

图 4-7　三道湾子金矿 Au、Hg 构造叠加晕叠合及预测靶位垂直纵投影图

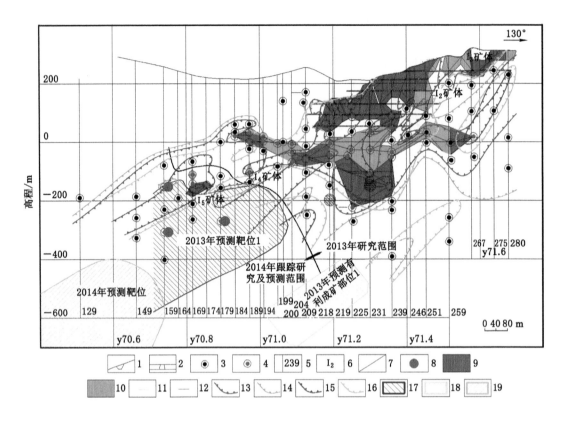

1—完工槽探;2—完工坑道;3—完工钻孔;4—见矿钻孔;5—勘探线及编号;6—矿体编号;

7—块段界线;8—验证见矿孔;9—工业品位矿体(Au≥3.0×10⁻⁶);

10—低品位矿体(1.0×10⁻⁶≤Au≤3.0×10⁻⁶);11—2013年构造叠加晕采样点位;

12—2014年构造叠加晕采样点位;13—As 中带异常(≥12×10⁻⁶);

14—As 外带异常(≥6×10⁻⁶);15—Sb 中带异常(≥6×10⁻⁶);16—Sb 外带异常(≥5×10⁻⁶);

17—2013年预测靶位;18—2013年预测有利成矿部位;19—2014年预测靶位。

图 4-8　三道湾子金矿 As、Sb 构造叠加晕叠合及预测靶位垂直纵投影图

预测结果:矿体向下延伸较大,预计 169 勘探线以西－400 m 标高以下有富集带出现。

②北大沟靶区预测靶位

据北大沟岩金矿床资料,对北大沟靶区进行了矿体深部金金属量的预测。预测 I_1 和 I_{19} 应为 1 条矿体,中部应相连,19 勘探线、27 勘探线、33 勘探线矿体深部为进行钻探工程控制,对矿体向深部推测 100 m,ZK3901 钻孔未见矿,矿体向外推测了 20 m(线距 60 m)。根据以上原则所形成的纵投影面积为本次预测靶位面积(图 4-10),参照预测靶位附近 ZK1901、ZK1902、ZK2701、ZK3301 钻孔的矿体厚度、平均品位、矿石体重分别进行平均,通过纵投影计算出预测靶位纵投影面积,从而算出金属量,预测金金属量 1.06 t。

4. 预测资源量

①三道湾子预测靶位

在三道湾子金矿采集深部验证钻孔样品,用 2014 年建立的三道湾子金矿床的构造叠加晕模式和盲矿预测标志,继续跟踪并对三道湾子金矿床 Ⅰ号矿体深部进行盲矿预测,提出

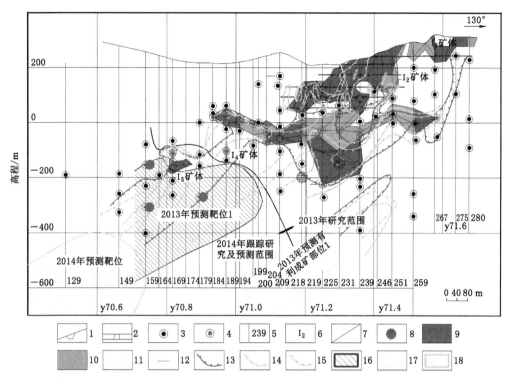

1—完工槽探；2—完工坑道；3—完工钻孔；4—见矿钻孔；5—勘探线及编号；6—矿体编号；

7—块段界线；8—验证见矿孔；9—工业品位矿体($Au \geqslant 3.0 \times 10^{-6}$)；

10—低品位矿体($1.0 \times 10^{-6} \leqslant Au \leqslant 3.0 \times 10^{-6}$)；11—2013 年构造叠加晕采样点位；

12—2014 年构造叠加晕采样点位；13—Ag 中带异常($\geqslant 4 \times 10^{-6}$)；14—Cu 中带异常($\geqslant 60 \times 10^{-6}$)；

15—Pb 内带异常($\geqslant 60 \times 10^{-6}$)；16—2013 年预测靶位；17—2013 年预测有利成矿部位；18—2014 年预测靶位。

图 4-9　三道湾子金矿 Ag、Cu、Pb 构造叠加晕叠合及预测靶位垂直纵投影图

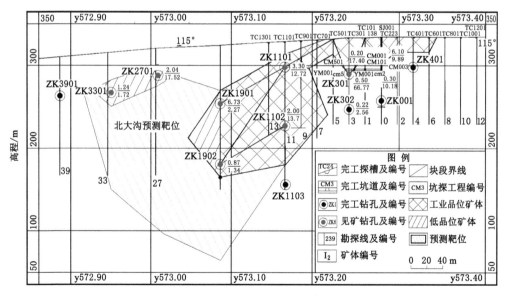

图 4-10　北大沟岩金矿预测靶位垂直纵投影图

了 1 个盲矿预测靶位。最终预测金金属量 2.77 t(表 4-5)。

表 4-5 三道湾子岩金矿构造叠加晕研究预测靶位金金属量计算表

靶位编号	纵投影面积/m²	倾角/(°)	sin θ	真面积/m²	厚度/m	矿石体重/(t/m³)	平均品位/(g/t)	系数	预测金金属量/t
三道湾子预测靶位	110 623.8	65	0.906	122 101.4	2.78	2.68	4.35	0.7	2.77

注:金金属量=真面积×平均厚度×矿石体重×平均品位×0.7(系数),真面积=纵投影面积/sin θ,θ 为倾角。

三道湾子预测靶位金金属资源量预测(参照 I_2 矿体相关参数):

纵投影面积 110 623.8 m²,倾角 65°,真面积=纵投影面积/sin 65°=110 623.8/0.906≈122 101.3 (m²);

平均厚度 2.68 m,平均品位 4.35 g/t,矿石体重 2.68 t/m³;

金金属量=真面积×平均厚度×矿石体重×平均品位×0.7(系数)=122 101.3×2.78×2.68×4.35×0.7≈2 770 047.2 (g)≈2.77 (t)。

② 北大沟预测靶位

根据北大沟金矿以往工作资料,对北大沟金矿体 I_1 和 I_{19} 继续进行深部盲矿预测,提出了 1 个盲矿预测靶位。预测金金属量 1.06 t(表 4-6)。

表 4-6 北大沟岩金矿预测靶位金金属量计算表

靶位编号	纵投影面积/m²	厚度/m	矿石体重/(t/m³)	平均品位/(g/t)	预测金金属量/t
北大沟预测靶位	27 110.7	2.72	2.51	5.71	1.06

注:金金属量=纵投影面积×平均厚度×矿石体重×平均品位。

北大沟预测靶位金金属资源量预测:

参照预测靶位附近 ZK1901、ZK1902、ZK2701、ZK3301 钻孔的矿体厚度、平均品位、矿石体重分别进行平均,通过纵投影计算出预测靶位纵投影面积,从而算出金属量。

金金属量=纵投影面积×平均厚度×矿石体重×平均品位=27 110.7×2.72×2.51×5.71≈1 056 864.88 (g)≈1.06 (t)。

4.4 永新金矿床矿产预测及找矿潜力分析

4.4.1 靶区预测要素分析

根据典型矿床研究提取的成矿要素、地球化学、地球物理及构建的"三位一体"找矿预测模型成果,确定了预测要素,总结出了永新金矿床重点工作区综合信息找矿预测要素(表 4-7)。

表 4-7 永新金矿床"三位一体"找矿预测地质模型

成矿地质体	岩体类型	早白垩世龙江组和光华组中酸性火山-次火山岩,如安山岩、英安岩,花岗斑岩和闪长玢岩等
	形态、产状	不规则岩筒、岩株、岩脉以及角砾岩体、透镜体状等
	岩石化学	钙碱性-高钾钙碱性系列,总体上富集轻稀土元素和大离子亲石元素,而亏损高场强元素
	同位素地球化学	$(^{87}\mathrm{Sr}/^{86}\mathrm{Sr})_i=0.691\,0\sim0.711\,3$;$\varepsilon_{\mathrm{Nd}}(t)=+0.8\sim+2.5$;$T_{\mathrm{DM2}}=702\sim851\ \mathrm{Ma}$;$\varepsilon_{\mathrm{Hf}}(t)$值范围为 3.6~13.6
	形成时代	早白垩世(120~112 Ma)
	围岩	晚石炭世正长花岗岩与花岗质糜棱岩
	与矿体空间关系	作为矿体的上下盘并与矿体伴生平行产出
成矿构造及成矿结构面	深大断裂	NNE 向贺根山-黑河深大断裂,该断裂控制着本区地质体分布形式、展布方向
	接触带控矿构造	晚石炭世正长花岗岩与花岗质糜棱岩的接触带构造控制了含矿角砾岩体以及(超)浅成岩脉的分布。该接触带构造是矿区中主要的成矿结构面
	火山机构断裂	永新金矿所在地区处在白垩纪火山盆地边缘地带,受控于区域性断裂构造和火山机构及其派生出的环状、线状构造及次级断裂构造
成矿作用特征标志	矿体特征	主要为热液角砾岩和石英脉状
	矿体空间	从深部到浅部依次为热液角砾岩型→石英脉状
	蚀变类型	钾化、硅化、绢云母化、绿泥石化、绢英岩化和碳酸盐化等
	蚀变分带	由矿体中心向外依次为硅化带→绢云母化→钾长石化带(青磐岩化);从地表至深部依次为黄铁矿化、青磐岩化→青磐岩化、硅化、黄铁矿化→泥化、青磐岩化、黄铁矿化→绢英岩化(含硅化)、黄铁矿化
	元素组合	Au、Ag、As、Sb、Bi
	主要矿石矿物	自然金、黄铁矿、黄铜矿、闪锌矿、方铅矿
	主要脉石矿物	石英、钾长石、玉髓、冰长石、方解石和绢云母
	矿化阶段	无矿石英-钾长石成矿阶段(Ⅰ)→灰色石英-黄铁矿成矿阶段(Ⅱ)→灰黑色石英-多金属硫化物成矿阶段(Ⅲ)→呈绸带状的石英-方解石细脉成矿阶段(Ⅳ)
	流体包裹体特征	以气液两相包裹体为主,偶见纯液相包裹体
	成矿流体物理化学参数	成矿温度平均由 305 ℃→237 ℃→202 ℃→162 ℃逐渐降低;盐度由 7.5%→3.4%→2.90%→1.70%逐渐减小;流体密度由 0.78→0.84→0.89→0.92(g/cm³)微弱增高;静水压力由 28.5→18.1→14.9→10.9(MPa)逐渐降低
	成矿深度	小于 1.06 km
	成矿时代	早白垩世(107 Ma±4 Ma)
	稳定同位素	$\delta^{18}\mathrm{O}_{\mathrm{H_2O}}(‰)$为 $-7.0‰\sim-4.4‰$;$\delta^{18}\mathrm{D}_{\mathrm{H_2O}}$ 为 $-124.8‰\sim-102.1‰$;$\delta^{34}\mathrm{S}$ 为 2.3‰~5.1‰
	放射性同位素	$^{206}\mathrm{Pb}/^{204}\mathrm{Pb}=18.126\sim18.255$;$^{207}\mathrm{Pb}/^{204}\mathrm{Pb}=15.492\sim15.537$;$^{208}\mathrm{Pb}/^{204}\mathrm{Pb}=37.880\sim38.019$;$\mu=9.28\sim9.37$;$\omega=34.40\sim35.08$;Th/U$=3.58\sim3.68$

表 4-7(续)

找矿标志	地质特征	灰白色石英脉、灰色硅质胶结角砾岩和强硅化蚀变岩(由于氧化作用,地表可见到"红化"现象)
		围岩蚀变类型主要有硅化、绿泥石化、绢云母化、碳酸盐化、黏土化、青磐岩化等,其中硅化和绢云母化与矿化关系密切
		晚石炭世正长花岗岩与花岗质糜棱岩的接触带是主要的矿体就位位置
		矿体主要位于早白垩纪火山盆地边缘地带,且发育大量中-酸性次火山岩体和超浅成岩脉
	地球物理和地球化学特征	矿体位于中低极化率(极化率在 1.2%~1.4%之间)和中高电阻率(1 200~2 800 Ω·m)之间的梯度带上
		矿体位于低磁异常背景区域,磁化率值一般小于 160 nT(最佳为-200~500 nT)
		地球化学异常主要表现为金异常与银、砷、锑、铋等元素套合较好,尤其与银元素套合紧密。显示低温元素组合特点
		矿体原生晕特点:前缘晕元素组合为 As-Sb-Hg;近矿晕元素组合为 Au-Ag-Cu-Pb-Zn;尾缘晕元素组合为 W-Mo-Bi-Co-Ni-Cd
矿床成因		低硫化型浅成低温热液型金矿

4.4.2 预测找矿地段及预测资源量

依据找矿靶区预测方法,并根据永新金矿重点工作区的综合预测元素内容,开展了永新金矿区外围找矿靶区,主要圈定了两处找矿靶区,分别为永新金矿区南西 A 级找矿靶区和永新金矿区北东 B 级找矿靶区(图 4-11)。

1. 永新金矿区南西 A 级找矿预测靶区

永新金矿区南西 A 级找矿预测靶区紧邻已发现的永新金矿床,拐点坐标为 125°56′31″~125°57′18″、49°40′45″~49°44′23″,面积约为 1 km²(表 4-8)。

表 4-8 永新金矿床外围预测靶区特征

找矿预测靶区名称	基 本 特 征
永新金矿区南西 A 级找矿预测靶区	本找矿预测靶区主攻矿种为金矿,该找矿预测靶区紧邻永新金矿床,无论是地质成矿背景,还是物化探异常特征均与永新金矿床相似,并且该找矿预测靶区地表金异常强度较大,与物探异常套合紧密,有望在找矿预测靶区地表就能发现金矿体,与永新金矿床相连,从而扩大永新金矿床规模

从永新金矿区西南 A 级找矿预测靶区地物化探背景异常剖析图(图 4-12)中可以看出:该区地质以及物化探异常与已发现的永新金矿区的地质及物化探异常相似性极高,为永新金矿重点工作区内最具找矿远景的预测靶区。

① 地质背景:该区主要出露早石炭世正长花岗岩、早石炭世花岗质糜棱岩,在两者接触带产有闪长岩脉,正长花岗岩和花岗质糜棱岩两者的接触关系仍为断层式接触,断层走向呈北东向,符合该矿区成矿结构面特点,是永新金矿区重要的容矿构造。

② 物探异常:该区主要处于高磁低背景区域,磁化率值集中在 50~220 nT 之间,并且在

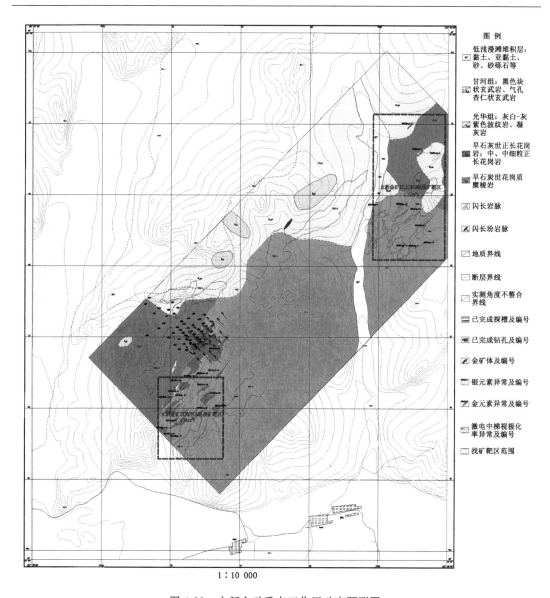

1:10 000

图 4-11　永新金矿重点工作区矿产预测图

高磁等值线平面图上明显显示呈北东走向的串珠状异常,同样显示本区构造以北东向为主;该区 1:1 激电中梯视极化率异常总体处于中低极化率背景,视极化率集中在 1.2% ～ 1.4% 之间,视电阻率处于中高电阻率背景,视电阻率集中在 1 100 ～ 2 200 Ω·m 之间。

③ 地球化学背景:该区 1:1 万土壤地球化学异常显示,该异常主要由 Au、Ag、As、Bi 等元素组成,该异常总体与区域构造线一致,异常整体上与北东向断裂展布方向相一致。其中主要以 Au、Ag 元素为主,两者套合紧密,浓集中心较为集中,是本区最重要的找矿目标。其中 Au-63 号金元素异常面积为 0.042 4 km²,最大值为 16.7 × 10⁻⁹,平均值为 10.4×10⁻⁹,衬度 1.70,异常达到中带;Au-50 号金元素异常面积为 0.021 4 km²,最大值为 31.5×10⁻⁹,平均值为 18.5×10⁻⁹,衬度 3.03,异常达到中带;Au-47 号金元素异常面积为 0.020 2 km²,最大值为 39.0×10⁻⁹,平均值为 14.2×10⁻⁹,衬度 2.32,异常达到中带;Ag-54

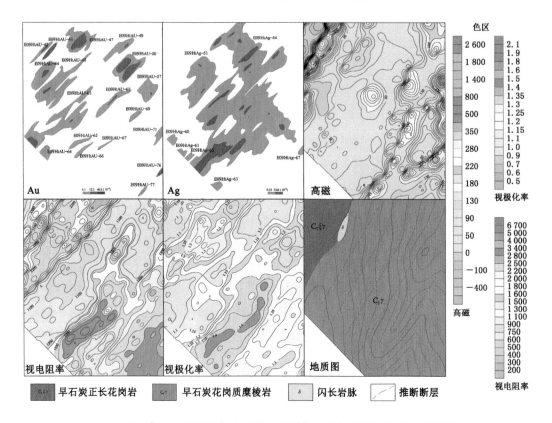

图 4-12　永新金矿区西南 A 级找矿预测靶区地物化探背景异常剖析图

号银元素异常面积为 $0.305\ 9\ km^2$，最大值为 1.324×10^{-6}，平均值为 0.552×10^{-6}，衬度 1.67，异常达到中带（见表 4-9）。

表 4-9　永新金矿区南西 A 级找矿预测靶区重点土壤异常特征表

异常编号	异常面积/km^2	形态	极大值/($\times10^{-6}$)	平均值/($\times10^{-6}$)	衬度	NAP	异常分带
E09HtAg-53	0.041 1	不规则状	0.733	0.472	1.43	0.058 9	中带
E09HtAg-54	0.305 9	不规则状	1.324	0.552	1.67	0.511 8	中带
E09HtAg-60	0.006 9	不规则状	0.761	0.446	1.90	0.013 1	中带
E09HtAg-61	0.001 9	不规则状	0.477	0.472	1.17	0.003 4	外带
E09HtAg-62	0.001 8	不规则状	0.284	0.252	1.08	0.002 0	外带
E09HtAg-63	0.002 7	不规则状	0.410	0.429	1.93	0.004 2	外带
E09HtAg-67	0.004 2	不规则状	0.495	0.473	1.43	0.006 0	外带
E09HtAu-42	0.003 7	不规则状	17.2	12.6	2.07	0.007 6	中带
E09HtAu-43	0.003 1	椭圆状	50.3	50.3	8.25	0.025 4	内带
E09HtAu-44	0.015 1	不规则状	14.9	10.4	1.71	0.025 8	中带
E09HtAu-45	0.033 4	不规则状	13.4	8.9	1.45	0.048 6	中带
E09HtAu-47	0.020 2	不规则状	39.0	14.2	2.32	0.046 9	中带

表 4-9(续)

异常编号	异常面积/km²	形态	极大值/(×10⁻⁶)	平均值/(×10⁻⁶)	衬度	NAP	异常分带
E09HtAu-49	0.009 6	不规则状	14.9	11.9	1.96	0.018 8	中带
E09HtAu-50	0.021 4	不规则状	31.5	18.5	3.03	0.064 7	中带
E09HtAu-57	0.012 0	不规则状	12.8	11.4	1.88	0.022 5	中带
E09HtAu-63	0.042 4	不规则状	16.7	10.4	1.70	0.072 3	中带
E09HtAu-65	0.003 5	不规则状	8.1	7.7	1.25	0.004 4	外带
E09HtAu-66	0.002 7	不规则状	10.7	8.5	1.39	0.003 8	外带
E09HtAu-67	0.001 3	不规则状	7.1	6.8	1.11	0.001 4	外带
E09HtAu-68	0.008 9	不规则状	16.0	10.7	1.76	0.015 7	中带
E09HtAu-69	0.002 5	不规则状	10.9	8.6	1.40	0.003 5	外带
E09HtAu-71	0.005 7	不规则状	13.3	9.4	1.55	0.008 7	中带
E09HtAu-72	0.003 8	椭圆状	21.1	21.1	3.46	0.013 1	中带
E09HtAu-73	0.001 4	不规则状	8.4	7.2	1.18	0.001 6	外带
E09HtAu-74	0.004 7	不规则状	11.8	11.2	1.84	0.008 7	外带

注:NAP＝衬度×异常面积。

④ 重点异常特征:该找矿预测靶区内西南存在 Y09-8 号极化率异常,该异常与视电阻率异常套合紧密,并且该处正位于高磁异常中呈串珠状异常的边部,同时该异常与 Au-63号金元素和 Ag-54 号银元素套合紧密,地质背景正位于早石炭世正长花岗岩和花岗质糜棱岩北东向的接触带。综合成矿地质背景、成矿物化探背景及成矿作用条件等特征,认为该地段是该区最具找矿前景地段,应作为该找矿预测靶区内重点找矿地段。

本区通过与永新金矿区成矿地质背景、成矿物化探异常特征、成矿地质条件等综合信息条件分析以及专家打分赋值,最终在该找矿预测靶区预测资源量 2 t。

2. 永新金矿区北东 B 级找矿预测靶区

永新金矿区北东 B 级找矿预测靶区位于永新金矿床北东 3.5 km,拐点坐标为125°59′05″～125°59′57″、49°42′16″～49°43′23″,面积为 1 km²(表 4-10)。

表 4-10　永新金矿床外围预测靶区特征

找矿预测靶区名称	基　本　特　征
永新金矿区北东 B 级找矿预测靶区	本找矿预测靶区主攻矿种为金、银矿,该找矿靶区地质成矿背景优越,满足永新金矿床"三位一体"地质找矿模型条件,虽然在化探异常中强度较弱,但物探异常与永新金矿床相似,所以该区一直没有开展查证工作,本书提出该区有望发现深部隐伏矿体

① 地质背景:该区出露的地质体主要有早白垩世光华组酸性火山岩及潜火山岩;早石炭世正长花岗岩、早石炭世花岗质糜棱岩,两者的接触关系仍为断层式接触,断层走向呈北西向,该区位于光华期火山盆地边缘,线环状火山机构发育良好,爆发相位于火山口附近,呈环带状围绕火山中心分布。这种构造位置有利于形成浅成热液矿床或陆相次火山热液

矿床。

② 物探异常：该区主要处于高磁中-高背景区域，磁化率值集中在 $250\sim420$ nT 之间；该区 1∶1 激电中梯视极化率异常总体处于中低极化率背景，视极化率集中在 $1.0\%\sim1.5\%$ 之间，视电阻率处于中高电阻率背景，视电阻率集中在 $1\,100\sim3\,000\ \Omega\cdot m$ 之间。

③ 地球化学背景：该区 1∶1 万土壤地球化学异常显示，该异常主要由 Ag、As、Bi、Sb 等元素组成，但该区地表 Au 元素异常较弱，Au 和 Ag 元素套合较差，这是该区近几年一直没有开展查证工作的原因，该区异常以 Ag 元素为主，其中 Ag-9 号银元素异常面积为 $0.130\,5\ \text{km}^2$，最大值为 1.488×10^{-6}，平均值为 1.488×10^{-6}，衬度 2.85，异常达到中带（表 4-11）。

表 4-11　永新金矿区北东 B 级找矿预测靶区重点土壤异常特征表

异常编号	异常面积/km²	形态	极大值/($\times10^{-6}$)	平均值/($\times10^{-6}$)	衬度	NAP	异常分带
E09HtAg-9	0.130 5	椭圆状	1.488	1.488	2.85	0.005 5	中带
E09HtAg-10	0.001 5	不规则状	0.363	0.423	1.37	0.006 0	外带
E09HtAg-11	0.000 8	不规则状	0.514	0.376	1.28	0.002 6	外带
E09HtAg-12	0.001 7	不规则状	0.478	0.677	1.47	0.001 4	外带
E09HtAg-13	0.013 5	椭圆状	0.386	0.369	1.68	0.002 1	外带
E09HtAg-14	0.007 4	不规则状	0.481	0.515	1.34	0.015 6	外带
E09HtAg-15	0.012 3	不规则状	0.529	0.442	1.23	0.004 3	外带
E09HtAg-16	0.004 3	椭圆状	0.457	0.427	1.30	0.001 9	外带
E09HtAg-17	0.012 9	长条状	0.464	0.597	1.73	0.020 4	外带
E09HtAg-18	0.013 1	不规则状	1.134	0.530	1.81	0.028 5	中带
E09HtAg-19	0.002 1	不规则状	0.557	0.464	1.26	0.002 0	外带
E09HtAu-16	0.001 5	椭圆状	13.800	21.100	1.74	0.008 2	中带
E09HtAu-17	0.003 0	不规则状	14.300	7.600	2.52	0.004 4	中带

从永新金矿区北东 B 级找矿预测靶区地物化探背景异常剖析图（图 4-13）中可以看出，该区化探异常强度较弱，在地表基本没有发现金异常，仅存在局部的银元素异常，但该区地质成矿背景及物探背景与已发现的永新金矿区的地质及物探异常相似性较高，因此该区有望通过"三位一体"地质找矿理论发现深部隐伏矿体。

④ 重点异常特征：该找矿预测靶区内西南存在 Y09-6 号极化率异常，该异常与视电阻率异常套合紧密，位于中-高磁异常区域，同时该异常与 Ag-9 号银元素套合紧密，地质背景位于北东向断裂边部，早石炭世花岗质糜棱岩和早白垩系光华组酸性火山岩接触部位。综合成矿地质背景、成矿物化探背景及成矿作用条件等特征，同时该地段基本满足已建立的永新地区"三位一体"地质找矿预测模型条件，初步认为虽然该地段地表化探异常不明显，强度较弱，但有望发现深部隐伏矿体，也是该区重点找矿方向。

本区通过与永新金矿区成矿地质背景、成矿物化探异常特征、成矿地质条件等综合信息条件分析以及专家打分赋值，最终在该找矿预测靶区预测资源量 1 t。

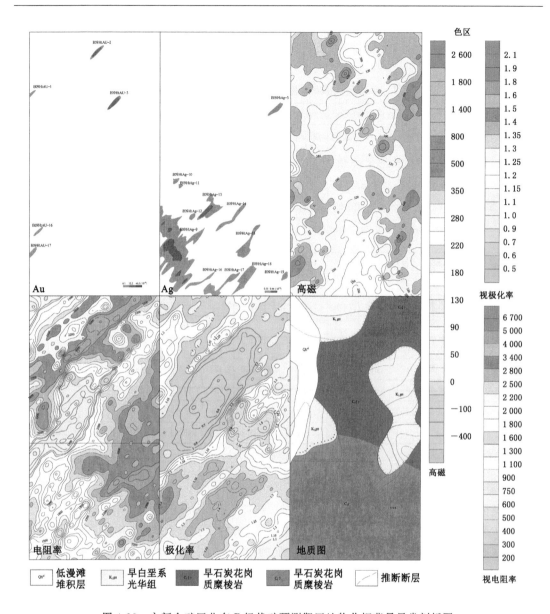

图 4-13　永新金矿区北东 B 级找矿预测靶区地物化探背景异常剖析图

3. 永新金矿深部盲矿预测

本书在永新金矿床勘查的基础上,通过采集永新金矿区内见矿效果最好的 180 号勘探线上的 4 个钻孔(ZK180-3、ZK180-5、ZK180-6、ZK180-7)的岩石样品,开展了钻孔原生晕的分析。

① 相关性分析

元素相关性分析结果显示(表 4-12),元素间的相关性比较复杂,并且正、负相关性都比较显著。对主成矿元素 Au、Ag 来说,同 Bi、W、Mo 表现出强的正相关关系,说明 Au、Ag 的矿化沉淀与含 Bi、W、Mo 的矿物密切相关;Au 与 As、Sb 具有一定程度的负相关关系,说明两者具有消长关系。这些总体说明金的高含量伴随着尾晕元素的高含量和前晕元素的低含量,预示尾晕元素有向矿体中前部富集的趋势或金矿体受到的强烈剥蚀已接近尾部。从以上元素间相关性上看,除主成矿元素 Au 和 Ag 有显著正相关外,Bi、W、Mo 可作为特征指示元素。

表 4-12　永新金矿 180 号勘探线样品元素相关系数统计表

元素	Au	Ag	Pb	Cu	Zn	W	Mo	As	Sb	Bi	Co	Ni	Sn	Hg	Cd
Au	1														
Ag	.845	1													
Pb	.160	.425	1												
Cu	−.395	−.287	−.143	1											
Zn	−.488	−.326	.312	.466	1										
W	.769	.603	−.053	−.170	−.337	1									
Mo	.663	.634	.145	−.285	−.454	.537	1								
As	−.319	−.132	.128	.445	.325	−.311	−.162	1							
Sb	−.317	−.228	.132	.320	.354	−.245	−.146	.678	1						
Bi	.659	.809	.461	−.275	−.287	.470	.651	−.114	−.244	1					
Co	−.038	−.055	−.379	.486	.152	.139	−.096	.261	.208	−.195	1				
Ni	−.235	−.210	−.289	.421	.254	−.027	−.274	.459	.453	−.355	.806	1			
Sn	−.279	−.071	.141	.173	.169	−.232	−.077	.174	−.005	.143	−.153	−.142	1		
Hg	−.139	.014	.552	−.002	.487	−.216	−.126	.340	.374	.139	−.416	−.164	.103	1	
Cd	.235	.428	.704	−.066	.418	.197	.287	.091	.080	.437	−.296	−.241	.080	.553	1

注:"."前的"0"省略。

② 聚类分析

聚类分析结果显示(图 4-14),在距离系数 $d=15$ 时,Au、Ag、W、Mo、Bi 为一大类,代表与主成矿元素有关的成矿元素组合;Pb、Zn、Cd、Hg 为一大类,代表了伴生矿物及其相关元素组合;Cu、Co、Ni 为一大类,代表了尾晕元素的组合,同时它们为常见的共生元素组合;As、Sb 为一大类,代表了前缘晕元素的低温元素组合;Sn 单独为一类,说明与其他元素关系不明显,且在成矿过程中的作用相对独立。当距离系数 $d=15$ 时,聚类分析的结果和元素相关性分析的结果一致。

当距离系数进一步缩小,$d=10$ 时,可将元素分为 7 类,其中 Au-Ag-Bi-W-Mo 仍在一个组合内,说明 Bi、W、Mo 与 Au、Ag 的关系很密切,而这一组元素组合能代表成矿元素及与成矿密切相关的元素;原本为同一类的 Pb、Zn、Hg、Cd 当距离缩小时变为 Pb、Cd 和 Zn、Hg 两类,说明 Pb 和 Zn 作为伴生元素关系较密切,但是其成因或来源可能有一定的差异;Co 和 Ni 为一类,且两者为典型的共生元素,说明 Co 和 Ni 可能为同一来源;Cu 与 Co 和 Ni 分离,单独为一类,说明 Cu 和 Co、Ni 相比,可能有更多的来源或受后期叠加作用较多;As、Sb 为一类,且两者均与 Au 呈弱的负相关,说明两者关系较为密切,但是与 Au 的成矿关系不大。

当距离系数为 $d=5$ 时,Co 和 Ni 仍处于同一分组,进一步证明了 Co 和 Ni 很可能为同一物源;而 Au、Ag、Bi、W 仍处于同一分组,证明了该组元素关系密切。

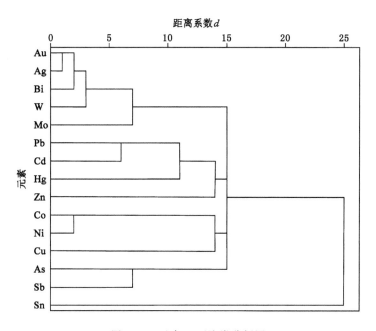

图 4-14　元素 R 型聚类分析图

③ 因子分析

因子分析结果显示,F1 因子为 Au、Ag、W、Mo、Bi,代表了成矿元素及其相关元素,主要分布于矿体头部,在矿体中部及尾部也有小面积的外带异常,且由于 W、Mo、Bi 等元素的含量较低,即异常不明显,使得整体组合异常范围较小,而组合元素的异常之所以靠近头部,是因为 Bi、Mo 和 W 的元素富集中心靠近头部;而 Bi、Mo、W 均为典型的高温尾晕元素,现在集中于头部,说明其具有一定的"反分带"现象,指示了矿体沿南东方向有另一矿体的尾晕叠加,但是依据矿体的发育趋势,另一矿体很可能已剥蚀殆尽,南东方向没有进一步工作的必要。F2 主要载荷因子组成为 Pb、Zn、Cd、Hg,代表了伴生元素的分布,其分布于矿体头部靠上部分,在矿体尾部也有较弱的外带异常。F3 主要载荷因子组成为 Cu、As、Sb、Co、Ni,主要分布于矿体尾部;其中 As 和 Sb 为典型的低温前缘晕元素,之所以与其他尾晕元素的叠加集中于矿体尾部,可能是因为该矿体的尾晕元素和北西向可能存在的矿体头晕相叠加,而由矿体的发育趋势来看,在北西方向有进一步往深部钻探的必要。F4 主要载荷因子组成为 Sn,分布无规律,且与其他元素相关性不高,因此其代表的意义不大。

④ 原生晕分带序列

根据计算的分带指数及各个元素的含量梯度变化,得出最终的分带结果为 Zn-Pb-Mo→Au-Bi-Ag-Hg→Cd-W-Ni-As-Co-Sb-Cu(自南东向北西)。

永新矿床的原生晕分带序列与李惠等总结出来的经典分带相比,Au、Ag 等典型的近矿元素分布在矿体中部,而 Cd、W、Ni、Co 为典型的尾晕元素,也分布在矿体尾部,但 Zn、Pb 等近矿晕元素却出现在头晕中,As、Sb 为头晕元素出现在了尾晕序列中,Mo 为尾晕元素出现在头晕中。整体来看头晕与近矿晕均与经典分带基本一致,只是头晕元素不明显,因为在测试的三种头晕元素中,As 和 Sb 出现在了尾晕元素序列中,而 Hg 出现在了近矿晕中,这可能预示着在该矿体的尾部有另一矿体的前缘晕叠加,说明该矿床可能由两个主成矿阶段形成的两个矿体部分叠加形成。

⑤ 原生晕地球化学参数变化

地球化学参数可用前缘晕指示元素浓度标准化累加/尾晕指示元素浓度标准化累加、前缘晕指示元素浓度标准化累乘/尾晕指示元素浓度标准化累乘表示。地球化学参数$A1=(Hg+Ag+As)/(W+Mo+Bi)$；$A2=(Hg\times Ag\times As)/(W\times Mo\times Bi)$。其中 A1、A2 表示前缘晕元素相对于尾晕元素的发育程度，A1、A2 越大，反映出矿体前缘晕特征越明显。永新金矿原生晕垂向地球化学参数变化曲线如图 4-15 所示。

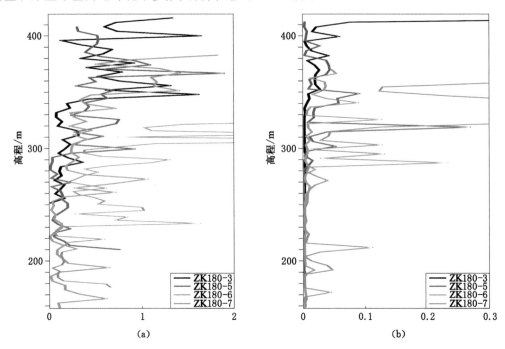

图 4-15　永新金矿原生晕垂向地球化学参数变化曲线

结果显示，钻孔 ZK180-3、ZK180-5 以及 ZK180-6 A1 及 A2 的峰值均靠近浅部，并且沿钻孔 ZK180-3 至 ZK180-6 方向（自南东向北西），A1 及 A2 的峰值有向深部变化的趋势；而到了钻孔 ZK180-7，有明显的更往深部分布的特征，A1 峰值在 230～300 m 附近，A2 峰值在 220 m 及 300 m 附近均有分布，并且钻孔 ZK180-7 的峰值明显高于前面三个钻孔，说明钻孔 ZK180-7 前缘晕元素比前三个钻孔更为富集。

从钻孔 ZK180-3 至 ZK180-7，A1、A2 的峰值往更深部分布的趋势与矿体向北西倾伏的趋势一致，而钻孔 ZK180-7 的值高于其他三个钻孔，说明钻孔 ZK180-7 前缘晕的特征更明显，这可能是由于该钻孔往北西方向有另一隐伏矿体。初步预测 333 级资源量增储 2～3 t。

第5章 勘查工作部署建议

5.1 铜山铜矿重点工作区勘查工作部署建议

（1）根据蚀变分带及断层恢复研究，推断铜山断层下盘Ⅲ号矿体的西南侧位置应有尚未发现的成矿斑岩和厚大矿体，建议布设钻孔（图5-1）。

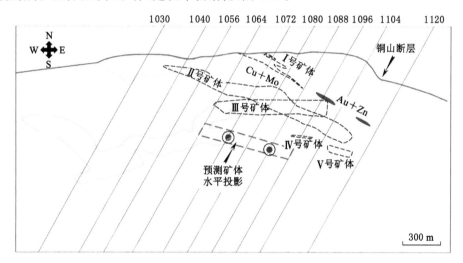

图 5-1 铜山铜矿床勘查建议钻孔位置示意图

（2）断层上盘铜山采坑西北部可能残留未被剥蚀掉的矿体，有 Cu 土壤化探异常，是勘查须注意的重点区域。地表可布置少量槽探工作。

5.2 争光金矿重点工作区勘查工作部署建议

由目前的工作程度及现有认识来看，争光金矿深部或旁侧（4 km 范围内）可能有与之有成因联系的斑岩型矿化。根据争光金矿Ⅱ号矿带中矿体的最大延深（1 190 m），争光Ⅱ号矿带深部仍有前景。对于下一步找矿部署工作有以下建议：

（1）争光Ⅱ号矿带 49 275～49 400 经线垂直深度 350 m 以下可能还存在金矿化，可以考虑在这个范围内布置钻探工作（图5-2）；

（2）争光Ⅳ号矿带南部有 Au-Zn-As 异常，可考虑布置少量槽探工作。

（3）需要在以争光金矿为中心的 4 km 范围内注意寻找斑岩型矿化及蚀变特征。

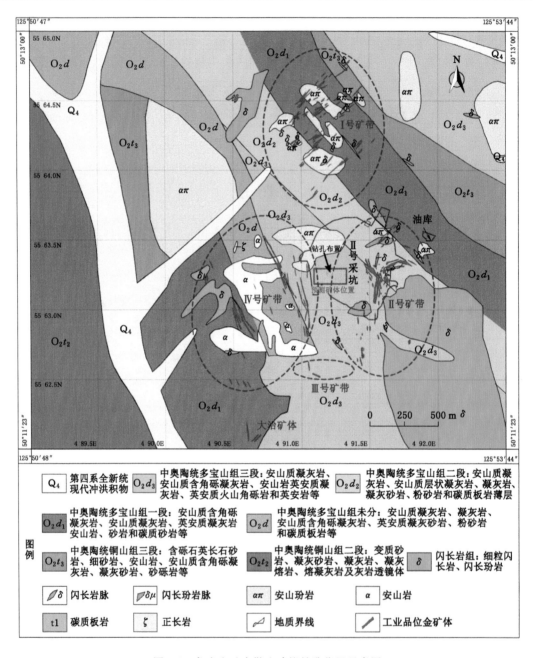

图 5-2　争光金矿床勘查建议钻孔位置示意图

5.3　三道湾子金矿重点工作区勘查工作部署建议

根据工作区的地质、化探、物探和矿床特点,将工作区共划分出 1 个重点工作区、3 个一般工作区。各个工作区特征如下所述。

5.3.1　三道湾子重点工作区

三道湾子重点工作区位于三道湾子村北部,拐点坐标为:① 126°58′50″,50°21′30″; ② 127°04′00″,50°21′30″;③ 127°04′00″,50°22′30″;④ 127°09′00″,50°22′30″;⑤ 127°09′00″, 50°26′00″;⑥ 126°58′50″,50°26′00″。其面积约为 85 km²。三道湾子Ⅰ级成矿远景区位于远景区内。

重点工作区地质条件复杂,物、化探异常发育。地层主要为下白垩统龙江组(K_1l)、光华组(K_1gn)、泥鳅河组(D_1n)。侵入岩发育早侏罗世二长花岗岩($J_1\eta\gamma$)、石英闪长岩($J_1\delta o$)。侵入岩与泥鳅河组的分布受北东向的断裂控制,该断裂也是火山断陷盆地的边缘断裂。区内的火山岩硅化、褐铁矿化、黏土化强烈,石英脉发育并发育有中酸性的脉岩。

重点工作区内 1∶5 万航磁主要处于负磁场内,磁场强度为 −200～400 nT,局部磁异常强度可达 800～900 nT。区内发育新-06-HS-35、新-06-HS-36、新-06-HS-49、新-06-HS-50、新-06-HS-51 等组合异常。主成矿元素金异常面积大、规模大、浓度梯度变化大。在新-06-HS-50 组合异常内的 Au-56 内发现三道湾子岩金矿。新-06-HS-36 组合异常面积最大,异常元素多,其中的 Au-36 异常面积大,具有多处浓集中心,在最大的浓集中心内发现了北大沟岩金矿,其中的 Mo-27 号异常面积约为 18 km²,异常规模为 47.01,具有多处浓集中心,在该异常内有三道湾子铜钼矿化点。成矿远景区内金、钼元素异常规模较大,金异常规模约占组合异常内金异常总规模的 7%,钼异常规模约占组合异常内钼总规模的 68%。

结合地质构造特征认为,成矿远景区内具有很好的成矿条件。加大找矿力度,能够使矿床规模扩大并提供可进一步勘查的矿产地。

5.3.2　纳金口子西山一般工作区

纳金口子西山一般工作区位于纳金口子西山以南、法别拉河与纳金沟之间的地区,地理坐标为北纬 50°20′45″～50°25′16″、东经 126°51′57″～126°56′44″,面积约为 40 km²。纳金口子西山Ⅱ级成矿远景区位于工作区内。

区内地质条件复杂,地层有早古生界多宝山组($O_{1-2}d$)、裸河组(O_3l)、黄花沟组(S_1h)。侵入岩有石炭纪的花岗质糜棱岩($C\gamma$)、早侏罗世二长花岗岩($J_1\eta\gamma$)、早白垩世二长花岗岩($K_1\eta\gamma$)。区内脉岩较发育,主要有流纹岩、英安岩、花岗斑岩、闪长岩、石英闪长岩等。

工作区处于正负磁场交界内,中部为正磁场强度(在 0～500 nT 之间),北部为低缓的负磁场。区内发育有新-06-HS-34、新-06-HS-47、新-06-HS-48 组合异常,新-06-HS-34 组合异常排在组合异常的第 9 位,该组合异常以 Pb、Ag 元素异常为主,Pb-12、Ag-22 在单元素异常排序中均在第 2 位,且异常面积、规模较大。新-06-HS-47 组合异常排在组合异常的第 8 位,该异常以金元素异常为主,Au-39 在单元素异常排序中为第 7 位,该异常面积、规模均较大。

该工作区对金、银及铅等金属成矿较为有利。加大找矿力度,有望发现新增矿产地 1 处。

5.3.3　傲山一般工作区

分布于傲山南,地理坐标:北纬 50°26′16″～50°28′53″,东经 127°08′21″～127°13′29″。其面积约为 24 km²。傲山Ⅱ级远景区位于工作区内。

区内出露的地层有泥鳅河组(D_1n)、龙江组(K_1l)、光华组(K_1gn)英安岩、流纹岩、英安质火山角砾岩、珍珠岩、熔结凝灰岩。区内古生界地层发育有片理化,并发现傲山岩金矿化点。

工作区内的磁场变化较大,区内南东部为抖动的正磁场,磁场强度为 $200\sim900$ nT;区内北西部为低缓的磁场,磁场强度为 $-100\sim100$ nT。区内组合异常有新-06-HS-29、新-06-HS-30,其中新-06-HS-29异常元素为金、砷、钨,在该异常的东侧为傲山岩金矿化点;新-06-HS-30异常元素为金、砷、锑,在组合异常排序中位于第 5 位,在对新-06-HS-30异常的检查中,在英安岩内发现较好的硅化、黄铁矿化,用捡块法分析的金含量为 0.2 g/t。

该区内主成矿元素是金,是一套金成矿元素异常系列,有较好的找矿前景。加大找矿力度,有望新增矿产地 1 处。

5.3.4 桦树排子北一般工作区

该工作区分布于桦树排子北、法别拉河西岸,地理坐标为北纬 $50°20'30''\sim50°22'34''$、东经 $126°45'50''\sim126°50'57''$,面积约为 22 km²。桦树排子北Ⅲ级成矿远景区位于工作区内。

区内出露的地层有多宝山组($O_{1-2}d$)、裸河组(O_3l)。侵入岩有石炭纪糜棱岩化花岗岩($C\gamma$)、晚三叠世中粒二长花岗岩($T_3\eta\gamma$)。

区内的磁场平缓,磁场强度为 $0\sim100$ nT。远景区的北侧有一条近东西向的航磁梯度变化带,磁异常强度由 100 nT 增强到 500 nT。工作区内有新-06-HS-44、新-06-HS-45 及 Au-30、Au-31、Au-32、Au-33、Au-34、Au-38 等单元素异常。区内成矿元素为金,金异常分布较多,且分带明显、规模较大。新-06-HS-44 组合异常在排序中为 14 位,土壤测量金元素平均值为 3.3×10^{-9},最高值达 178.1×10^{-9},较有利于金元素的进一步富集成矿。在工作区南边的桦树排子废墟西有岩金矿化点,区内近东西向的河谷内含在砂金矿。

该区的地质构造条件较有利于金元素的富集成矿。加大找矿力度,有望新增矿产地 1 处。

5.3.5 工作部署建议

1. 三道湾子重点工作区

根据三道湾子重点工作区内地质、物探、化探和矿床分布特征,在三道湾子重点工作区内划分出 4 个找矿靶区,其中Ⅰ级找矿靶区 1 处,Ⅱ级找矿靶区 1 处,Ⅲ级找矿靶区 2 处,各靶区、靶位建议布设位置见表 5-1。

① 三道湾子Ⅰ级找矿靶区

2013—2014 年矿山及黑龙江省地质调查研究总院齐齐哈尔分院对三道湾子金矿进行深部钻探探矿,在预测靶位 1 内施工了 8 钻孔:3 个钻孔见金银矿,5 个钻孔见金银矿化,取得了好的找矿效果。应继续对 2014 年预测靶区进行钻探工程验证,设计钻孔 2 个(表 5-1)(图 5-3)。

表 5-1 建议布设工程一览表

序号	设计槽探、钻孔编号	位置	设计目的	设计长(深)度/m
1	TC1	340 高地靶区	控制 03Ht-3 组合异常 Au-4 异常	160
2	TC2	340 高地靶区	控制 03Ht-3 组合异常 Au-4 异常	150
3	TC3	北大沟靶区	控制 03Ht-3 组合异常 Au-23 异常	260
4	TC4	北大沟靶区	控制 03Ht-3 组合异常 Au-23 异常	120
5	TC5	北地营子靶区	控制 02Ht-1 组合异常 Au-6 异常	350

表 5-1(续)

序号	设计槽探、钻孔编号	位置	设计目的	设计长(深)度/m
6	ZK2702	北大沟预测靶位	控制 I_1、I_9 矿体	260
7	ZK33002	北大沟预测靶位	控制 I_1、I_9 矿体	310
8	ZK1902	北大沟预测靶位	控制 I_1 矿体	510
9	ZK12902	三道湾子预测靶位	验证预测靶位	780
10	ZK14904	三道湾子预测靶位	验证预测靶位	840

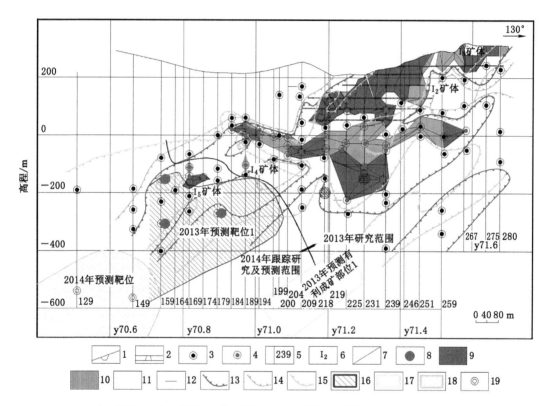

1—完工槽探；2—完工坑道；3—完工钻孔；4—见矿钻孔；5—勘探线及编号；6—矿体编号；

7—块段界线；8—验证见矿孔；9—工业品位矿体(Au≥3.0×10⁻⁶)；

10—低品位矿体(1.0×10⁻⁶≤Au≤3.0×10⁻⁶)；11—2013 年构造叠加晕采样点位；

12—2014 年构造叠加晕采样点位；13—Au 中带异常(≥0.5×10⁻⁶)；14—Au 外带异常(≥0.1×10⁻⁶)；

15—Hg 中带异常(≥100×10⁻⁹)；16—2013 年预测靶位；17—2013 年预测有利成矿部位；

18—2014 年预测靶位；19—设计钻孔位置。

图 5-3　三道湾子金矿找矿靶区设计钻孔位置图

② 北大沟Ⅱ级找矿靶区

对北大沟Ⅱ级找矿靶区内 03Ht-3 组合异常内 Au-23 异常没有进行验证的地段择优开展地表槽探工程查证工作，设计探槽 2 个，长度分别为 260 m、120 m，对槽探工程发现的矿体进行深部钻探追索，了解矿体深部变化特点(表 5-1)。

对北大沟靶区内预测靶位进行深部钻探验证，在靶位内布设 3 个钻孔(图 5-4)。

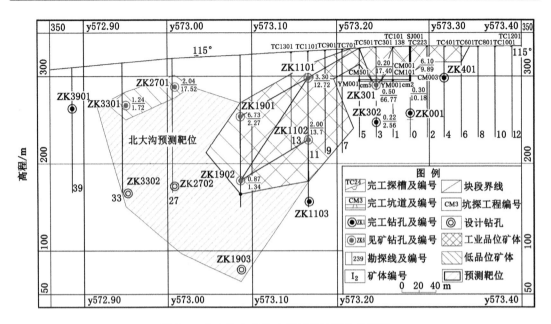

图 5-4　北大沟金矿找矿靶区设计钻孔位置图

③ 340 高地Ⅲ级找矿靶区

对 340 高地Ⅲ级找矿靶区内 03Ht-3 组合异常内 Au-4 异常没有进行验证的地段择优开展地表槽探工程查证工作,设计探槽 2 个,设计长度分别为 160 m、150 m,对槽探工程发现的矿体进行深部钻探追索,了解矿体深部变化特点(表 5-1)。

本次研究建议开展 1∶1 万岩石地球化学测量阶段,网度 50×50 m,设计浅钻 1 200 个,孔深平均 3 m,同期进行 1∶1 万地质简测。针对新圈定的岩石地球化学异常择优开展地表槽探工程查证工作,为下一步开展深部钻探工作提供依据,设计槽探 2 000 m³。对槽探工程发现的矿体进行深部追索控制,了解矿体深部变化特点,设计钻探深度 1 000 m。钻探施工期间应及时进行现场岩芯编录。

④ 北地营子Ⅲ级找矿靶区

对北地营子Ⅲ级找矿靶区内地球化学异常没有进行验证的地段择优开展地表槽探工程查证工作,设计探槽长度 350 m(表 5-1),对槽探工程发现的矿体进行深部钻探追索,了解矿体深部变化特点。

2. 三道湾子一般工作区

建议对纳金口子西山一般工作区、傲山一般工作区、桦树排子北一般工作区内进行系统的异常查找工作,首先开展 1∶1 万土壤地球化学、1∶1 万高精度磁法测量、1∶1 万激电中梯测量等工作,其次择优对异常进行槽探工程和钻探工作验证,从而有望在各个工作区内新发现矿产地。

5.4　永新金矿重点工作区勘查工作部署建议

5.4.1　永新金矿外围工作部署建议

(1)永新金矿区南西 A 级找矿预测靶区工作部署建议:该区在 2009 年已开展了 1∶1

万层次的地质、物探和化探测量,圈定了多处具有一定成矿远景的物化探异常,同时与该区紧邻的永新金矿就是通过 2009—2015 年陆续开展异常查证,主要采用地表槽探验证和深部钻探验证,并配套了激电测深等物探工作发现的,因此在该区完全可以直接开展异常查证工作,主要采用地表槽探及深部钻探工程验证工作,同时可以开展综合地物化探剖面测量工作,以指导下一步工程布置。

（2）永新金矿区北东 B 级找矿预测靶区工作部署建议:该区在 2009 年已开展了 1∶1 万层次的地质、物探和化探测量,圈定了多处具有一定成矿远景的物化探异常,该区由于地表物化探异常较弱,尤其金元素化探异常基本无显示,所以一直未开展查证工作。本次研究认为,该地段先期可在重点地段开展地质-物探-化探综合信息剖面测量工作,注意收集蚀变矿化信息,大致了解成矿地质背景和成矿条件;然后可以开展深部找矿预测工作,主要依靠物探工作与深部钻探工程相结合的方法进行找矿,遵循边验证边修改的原则,主要在早石炭世正长花岗岩、花岗质糜棱岩和光华组酸性火山岩的交接地段,同时位于中低极化率和中高视电阻率的梯度带上,这样的地段深部有可能存在隐伏矿体。

5.4.2　永新金矿深部工作部署建议

综合研究成果表明,在钻孔 ZK180-7 往北西深部延伸方向上,深部仍然具有较大成矿的可能,应作为下一步勘查工作重点。具体预测位置自 ZK180-7 起,沿着 I_1 号矿体向深部延伸方向(北西方向),在标高 0～150 m 范围、水平方向在距离 ZK180-7 钻孔 500 m 范围内具有较大成矿可能,建议开展深部钻探验证。根据永新金矿床地质成矿特征、矿化蚀变特征、矿体特征及矿体品位变化特征等因素,钻孔深部应控制在标高 150～350 m 范围,为防止丢矿漏矿,钻孔深部应不小于 400 m。

第6章 结　语

本书采用"三位一体"找矿预测地质模型,主要以"成矿地质体-成矿构造与成矿结构面-成矿作用特征标志"的勘查区找矿预测理论为指导,选择黑龙江多宝山-大新屯铜金矿整装勘查区内的铜山铜矿、争光金矿、三道湾子金矿和永新金矿为重点工作区,研究成矿作用特征、控矿条件、成矿规律和找矿标志等,建立找矿模型,在矿区深部及外围开展综合信息找矿预测研究,提出找矿预测区,同时开展1∶1万构造和蚀变专项填图、大比例尺化探、基础系列编图及数据库建设和整装勘查区跟踪评价工作,取得的主要成果和认识如下:

(1)通过多宝山-大新屯铜金矿整装勘查区基础地质研究和专项填图与技术应用示范研究,大致查明该整装勘查区地质背景、物化探异常特征、成矿地质条件和成矿规律。初步确定多宝山-大新屯铜金矿整装勘查区主要有两期成矿地质作用:古生代成矿地质作用(485~479.5 Ma)和中生代成矿地质作用(124~102 Ma)。

(2)对铜山铜矿、争光金矿、三道湾子金矿和永新金矿重点工作区进行了蚀变专项填图工作,总结了岩石蚀变组合、空间分布特点、蚀变类型、蚀变范围和蚀变强度,划分蚀变分带,总结蚀变与成矿规律。对铜山铜矿、争光金矿、三道湾子金矿和永新金矿重点工作区进行了构造专项填图,确定了成矿构造系统及成矿结构面类型,划分构造活动期次,区分了成矿前、成矿期和成矿后构造,并对成矿构造和控岩构造的时间及空间关系进行了探讨和分析,构建了矿床的成矿构造,建立了空间构造样式,形成了最终的找矿预测地质模型空间格架。

(3)对铜山铜矿、争光金矿、三道湾子金矿和永新金矿成矿地质体、成矿构造和成矿结构面、成矿作用特征标志等进行了研究。初步确定了铜山铜矿成矿地质体为花岗闪长斑岩;争光金矿成矿地质体为早古生代英安斑岩;三道湾子金矿成矿地质体为早白垩世闪长玢岩(深部推测的为次火山岩);永新金矿成矿地质体为燕山晚期闪长玢岩或安山玢岩。铜山铜矿成矿类型为斑岩型,永新金矿和三道湾子金矿成矿类型为浅成低温热液型金矿(陆相次火山热液型金矿),争光金矿成矿类型为中低温岩浆热液型矿床。总结了铜山铜矿、争光金矿、三道湾子金矿和永新金矿成矿构造与结构面特征和成矿作用特征标志。结合大比例尺专项地质填图及化探工作,构建了铜山铜矿、争光金矿、永新金矿和三道湾子金矿找矿预测模型。

(4)在铜山铜矿、争光金矿、三道湾子金矿和永新金矿开展了找矿预测研究。在铜山铜矿圈定了1个找矿靶区,在争光金矿圈定了1个找矿靶区,在永新金矿圈定了2个地表找矿靶区和1个深部找矿靶区,在三道湾子金矿共圈定出了4个成矿远景区、6个找矿靶区,提出了下一步勘查工作部署建议。在铜山铜矿床预测铜金属资源量(334)30万t,在争光金矿预测金资源量(334)3.4 t,在永新金矿预测金资源量(334)5 t,在三道湾子金矿预测金资源量(334)3.83 t。

(5)研究成果为黑龙江省自然资源厅在该整装勘查区的工作部署提供了理论依据。

参 考 文 献

[1] 白令安,孙景贵,张勇,等,2012.大兴安岭地区内生铜矿床的成因类型、成矿时代与成矿动力学背景[J].岩石学报,28(2):468-482.

[2] 车合伟,周振华,马星华,等,2015.大兴安岭北段争光金矿英安斑岩地球化学特征、锆石U-Pb年龄及Hf同位素组成[J].地质学报,89(8):1417-1436.

[3] 车合伟,周振华,马星华,等,2016.大兴安岭北段争光金矿床成因探讨:来自流体包裹体及稳定同位素的制约[J].矿床地质,35(3):539-558.

[4] 陈根文,夏斌,肖振宇,等,2001.浅成低温热液矿床特征及在我国的找矿方向[J].地质与资源,10(3):165-171.

[5] 陈静,孙丰月,2011.黑龙江三道湾子金矿床锆石U-Pb年龄及其地质意义[J].黄金,32(5):18-22.

[6] 陈静,孙丰月,何书跃,等,2012.黑龙江三道湾子金矿床流体包裹体特征及矿床成因分析[J].黄金,33(1):8-14.

[7] 陈美勇,刘俊来,胡建江,等,2008.大兴安岭北段三道湾子碲化物型金矿床的发现及意义[J].地质通报,27(4):584-587.

[8] 陈毓川,2010.重要矿产和区域成矿规律研究技术要求[M].北京:地质出版社.

[9] 褚少雄,刘建明,徐九华,等,2012.黑龙江三矿沟铁铜矿床花岗闪长岩锆石U-Pb定年、岩石成因及构造意义[J].岩石学报,28(2):433-450.

[10] 崔根,王金益,张景仙,等,2008.黑龙江多宝山花岗闪长岩的锆石SHRIMP U-Pb年龄及其地质意义[J].世界地质,27(4):387-394.

[11] 邓晋福,莫宣学,赵海玲,等,1999.中国东部燕山期岩石圈软流圈系统大灾变与成矿环境[J].矿床地质,18(4):309-315.

[12] 邓晋福,罗照华,苏尚国,等,2004.岩石成因、构造环境与成矿作用[M].北京:地质出版社.

[13] 邓轲,李诺,杨永飞,等,2013.黑龙江省黑河市争光金矿流体包裹体研究及矿床成因[J].岩石学报,29(1):231-240.

[14] 付艳丽,杨言辰,2010.黑龙江省争光金矿床成因及找矿标志[J].黄金,31(6):13-18.

[15] 付艳丽,2010.黑龙江省黑河市铜山铜矿床成矿预测[D].长春:吉林大学.

[16] 葛文春,吴福元,周长勇,等,2007.兴蒙造山带东段斑岩型Cu,Mo矿床成矿时代及其地球动力学意义[J].科学通报,52(20):2407-2417.

[17] 韩振新,徐衍强,郑庆道,2005.黑龙江省重要金属矿产和非金属矿产的成矿系列及其演化[M].哈尔滨:黑龙江人民出版社.

[18] 胡华斌,2005.鲁西平邑地区浅成低温热液金矿床成矿流体及成矿作用[D].北京:中

国地质大学(北京).

[19] 江思宏,聂凤军,张义,等,2004.浅成低温热液型金矿床研究最新进展[J].地学前缘,11(2):401-411.

[20] 李成禄,曲晖,赵忠海,等,2013.黑龙江省浅成低温金矿床成矿地质特征及矿床成因[J].黄金,34(2):10-15.

[21] 李成禄,符安宗,徐文喜,等,2023.黑龙江多宝山地区永新金矿床构造叠加晕特征及深部找矿预测[J].现代地质,37(3):674-689.

[22] 李德荣,吕福林,刘素颖,等,2011.黑龙江省嫩江县三矿沟矿区地质特征及找矿方向[J].中国地质,38(2):415-426.

[23] 李惠,张国义,禹斌,2006.金矿区深部盲矿预测的构造叠加晕模型及找矿效果[M].北京:地质出版社.

[24] 李运,符家骏,赵元艺,等,2016.黑龙江争光金矿床年代学特征及成矿意义[J].地质学报,90(1):151-162.

[25] 梁科伟,赵忠海,郭艳,2019.原生晕在深部成矿预测中的应用:以黑河地区永新金矿为例[J].地质与资源,28(6):512-518.

[26] 刘宝山,吕军,2006.黑河市三道湾子金矿床地质、地球化学和成因探讨[J].大地构造与成矿学,30(4):481-485.

[27] 刘斌,沈昆,1999.流体包裹体热力学[M].北京:地质出版社.

[28] 刘驰,穆治国,刘如曦,等,1995.多宝山斑岩铜矿区水热蚀变矿物的激光显微探针 $^{40}Ar/^{39}Ar$ 定年[J].地质科学,30(4):329-337.

[29] 刘军,周振华,何哲峰,等,2015.黑龙江省铜山铜矿床英云闪长岩锆石 U-Pb 年龄及地球化学特征[J].矿床地质,34(2):289-308.

[30] 刘永江,张兴洲,金巍,等,2010.东北地区晚古生代区域构造演化[J].中国地质,37(4):943-951.

[31] 卢焕章,范宏瑞,倪培,等,2004.流体包裹体[M].北京:科学出版社.

[32] 吕军,岳邦江,王建民,等,2005.黑河市三道湾子金矿床特征及找矿标志[J].地质与资源,14(4):256-260.

[33] 吕军,王建民,王洪波,等,2005.土壤地球化学测量在三道湾子金矿床的应用[J].物探与化探,29(6):515-518.

[34] 吕军,王建民,岳帮江,等,2005.三道湾子金矿床流体包裹体及稳定同位素地球化学特征[J].地质与勘探,41(3):33-37.

[35] 吕军,赵志丹,曹亚平,等,2009a.黑龙江三道湾子金矿床地质特征及成因探讨[J].中国地质,36(4):853-860.

[36] 吕军,刘旭光,韩振哲,等,2009b.三道湾子金矿床矿石特征及金的赋存状态研究[J].地质与勘探,45(4):395-401.

[37] 吕军,2011.黑龙江省黑河市三道湾子金矿床地质特征、成矿条件及矿床模型[D].北京:中国地质大学(北京).

[38] 毛景文,王志良,2000.中国东部大规模成矿时限及其动力学背景的初步探讨[J].矿物岩石地球化学通报,19(4):403-405.

［39］毛景文,李晓峰,张作衡,等,2003.中国东部中生代浅成热液金矿的类型、特征及其地球动力学背景[J].高校地质学报,9(4):620-637.

［40］毛景文,张作衡,裴荣富,2012.中国矿床模型概论[M].北京:地质出版社.

［41］苗来成,范蔚茗,张福勤,等,2003.小兴安岭西北部新开岭-科洛杂岩锆石 SHRIMP 年代学研究及其意义[J].科学通报,48(22):2315-2323.

［42］庞绪勇,秦克章,王乐,等,2017.黑龙江铜山断裂的变形特征及铜山铜矿床蚀变带-矿体重建[J].岩石学报,33(2):398-414.

［43］祁进平,陈衍景,Franco Pirajno,2005.东北地区浅成低温热液矿床的地质特征及构造背景[J].矿物岩石,25(2):47-59.

［44］钱汉东,陈武,谢家东,等,2000.碲矿物综述[J].高校地质学报,6(2):178-187.

［45］曲晖,赵忠海,李成禄,等,2014.黑龙江永新金矿地质特征及成因[J].地质与资源,23(6):520-524.

［46］邵洁涟,1988.金矿找矿矿物学[M].武汉:中国地质大学出版社.

［47］佘宏全,李进文,向安平,等,2012.大兴安岭中北段原岩锆石 U-Pb 测年及其与区域构造演化关系[J].岩石学报,28(2):571-594.

［48］宋国学,秦克章,王乐,等,2015.黑龙江多宝山矿田争光金矿床类型、U-Pb 年代学及古火山机构[J].岩石学报,31(8):2402-2416.

［49］孙凤兴,吴国学,杨鹏,1996.团结沟金矿床地质模型[J].吉林地质,15(2):52-60.

［50］谭成印,2009.黑龙江省主要金属矿产构造—成矿系统基本特征[D].北京:中国地质大学(北京).

［51］陶奎元,1994.火山岩相构造学[M].南京:江苏科学技术出版社.

［52］涂光炽,2000.初论碲的成矿问题[J].矿物岩石地球化学通报,19(4):211-214.

［53］王登红,陈毓川,徐志刚,等,2013.矿产预测类型及其在矿产资源潜力评价中的运用[J].吉林大学学报(地球科学版),43(4):1092-1099.

［54］王京彬,王玉往,王莉娟,2000.大兴安岭中南段铜矿成矿背景及找矿潜力[J].地质与勘探,36(5):1-4.

［55］王乐,秦克章,庞绪勇,等,2017.多宝山矿田铜山斑岩铜矿床地质特征与蚀变分带:对热液-矿化中心及深部勘查的启示[J].矿床地质,36(5):1143-1168.

［56］王喜臣,王训练,王琳,等,2007.黑龙江多宝山超大型斑岩铜矿的成矿作用和后期改造[J].地质科学,42(1):124-133.

［57］卫万顺,张宇辉,2008.金矿床模型[M].北京:中国大地出版社.

［58］吴开兴,胡瑞忠,毕献武,等,2002.矿石铅同位素示踪成矿物质来源综述[J].地质地球化学,30(3):73-81.

［59］吴尚全,1984.团结沟斑岩金矿床多源成因的同位素地质学证据[J].地质与勘探,20(2):28-31.

［60］武广,刘军,钟伟,等,2009.黑龙江省铜山斑岩铜矿床流体包裹体研究[J].岩石学报,25(11):2995-3006.

［61］武子玉,王洪波,徐东海,等,2005.黑龙江黑河三道湾子金矿床地质地球化学研究[J].地质论评,51(3):264-267.

[62] 武子玉,孙有才,王保全,2006.黑龙江争光金矿地质地球化学研究[J].地质与勘探, 42(1):38-42.

[63] 向安平,杨郧城,李贵涛,等,2012.黑龙江多宝山斑岩 Cu-Mo 矿床成岩成矿时代研究 [J].矿床地质,31(6):1237-1248.

[64] 肖克炎,娄德波,孙莉,等,2013.全国重要矿产资源潜力评价一些基本预测理论方法的 进展[J].吉林大学学报(地球科学版),43(4):1073-1082.

[65] 杨继权,孔含泉,胡建文,2005.黑龙江省多宝山-宽河成矿带 Cu-Au 成矿规律与成矿预 测[J].地质与资源,14(3):192-196.

[66] 杨继权,王秀琴,刘殿生,等,2007.黑龙江省大地构造单元划分及特征[J].世界地质, 26(4):426-434.

[67] 叶天竺,2014.勘查区找矿预测理论与方法:总论[M].北京:地质出版社.

[68] 张理刚,1985.稳定同位素在地质科学中的应用:金属活化热液成矿作用及找矿[M]. 西安:陕西科学技术出版社:1-452.

[69] 张佩华,赵振华,包志伟,等,2000.碲成矿机制研究新进展[J].地质科技情报,19(2): 55-58.

[70] 张莹芬,李国栋,颜秉超,等,2011.黑龙江省争光岩金矿床地质特征及成因探讨[J].吉 林地质,30(1):41-43.

[71] 张招崇,李兆鼐,1997.富碲化物型金矿形成的物理化学条件:以水泉沟金矿田为例 [J].矿床地质,16(1):41-52.

[72] 赵广江,侯玉树,王宝权,2006.黑龙江省争光金矿地质特征及成因初探[J].有色矿冶, 22(3):3-6.

[73] 赵焕利,朱春艳,刘海洋,等,2012.黑龙江多宝山铜矿床中花岗闪长岩锆石 SHRIMP U-Pb 测年及其构造意义[J].地质与资源,21(5):421-424.

[74] 赵胜金,刘俊来,白相东,等,2010.黑龙江三道湾子碲化物型金矿床流体包裹体及硫同 位素研究[J].矿床地质,29(3):476-488.

[75] 赵天宇,赵海滨,孙丰月,等,2013.黑龙江三道湾子金矿床同位素年龄对成矿时代的约 束[J].中国地质,40(4):1202-1208.

[76] 赵一鸣,毕承思,邹晓秋,等,1997.黑龙江多宝山、铜山大型斑岩铜(钼)矿床中辉钼矿 的铼-锇同位素年龄[J].地球学报,18(1):61-67.

[77] 赵元艺,王江朋,赵广江,等,2011.黑龙江多宝山矿集区成矿规律与找矿方向[J].吉林 大学学报(地球科学版),41(6):1676-1688.

[78] 赵忠海,曲晖,郭艳,等,2011.黑龙江多宝山成矿区金矿成矿规律及找矿方向[J].地质 与资源,20(2):89-95.

[79] 赵忠海,郑卫政,曲晖,等,2012.黑龙江多宝山地区铜金成矿作用及成矿规律[J].矿床 地质,31(3):601-614.

[80] 赵忠海,曲晖,李成禄,等,2014.黑龙江霍龙门地区早古生代花岗岩的锆石 U-Pb 年 龄、地球化学特征及构造意义[J].中国地质,41(3):773-783.

[81] 赵忠海,2019.小兴安岭西北部永新大型金矿成因、成矿地质模式与深部三维成矿预测 [D].长春:吉林大学.

［82］赵忠海,陈俊,乔锴,等,2021.小兴安岭西北部永新金矿床成矿流体来源与矿床成因:流体包裹体和 H-O-S-Pb 同位素证据[J].矿床地质,40(2):221-240.

［83］CLAYTON R N,O'NEIL J R,MAYEDA T K,1972. Oxygen isotope exchange between quartz and water[J]. Journal of Geophysical Research,77(17):3057-3067.

［84］COOKE D R,MCPHAIL D C,2001. Epithermal Au-Ag-Te mineralization,acupan, Baguio district,Philippines:numerical simulations of mineral deposition[J]. Economic Geology,96(1):109-131.

［85］GAO R Z,XUE C J,LÜ X B,et al,2017. Genesis of the Zhengguang gold deposit in the Duobaoshan ore field, Heilongjiang Province, NE China:constraints from geology,geochronology and S-Pb isotopic compositions[J]. Ore Geology Reviews,84: 202-217.

［86］HU X L,YAO S Z,DING Z J,et al,2017. Early Paleozoic magmatism and metallogeny in Northeast China:a record from the Tongshan porphyry Cu deposit [J]. Mineralium Deposita,52(1):85-103.

［87］LIU J,WU G,LI Y,et al,2012. Re-Os sulfide (chalcopyrite,pyrite and molybdenite) systematics and fluid inclusion study of the Duobaoshan porphyry Cu (Mo) deposit, Heilongjiang Province,China[J]. Journal of Asian Earth Sciences,49:300-312.

［88］RICHARDS J P,2003. Tectono-magmatic precursors for porphyry Cu-(Mo-Au) deposit formation[J]. Economic Geology,98(8):1515-1533.

［89］SILLITOE R H,1994. Erosion and collapse of volcanoes:causes of telescoping in intrusion-centered ore deposits[J]. Geology,22(10):945.

［90］SILLITOE R H,1973. The tops and bottoms of porphyry copper deposits[J]. Economic Geology,68(6):799-815.

［91］SONG G X,COOK N J,WANG L,et al,2019. Gold behavior in intermediate sulfidation epithermal systems:a case study from the Zhengguang gold deposit, Heilongjiang Province,NE-China[J]. Ore Geology Reviews,106:446-462.

［92］WANG L,QIN K Z,SONG G X,et al,2018. Volcanic-subvolcanic rocks and tectonic setting of the Zhengguang intermediate sulfidation epithermal Au-Zn deposit,eastern Central Asian Orogenic Belt,NE China[J]. Journal of Asian Earth Sciences,165:328-351.

［93］WANG L,QIN K Z,SONG G X,et al,2019. A review of intermediate sulfidation epithermal deposits and subclassification[J]. Ore Geology Reviews,107:434-456.

［94］WANG L,QIN K Z,SONG G X,et al,2020. Geology and genesis of the Early Paleozoic Zhengguang intermediate-sulfidation epithermal Au-Zn deposit,Northeast China[J]. Ore Geology Reviews,124:103602.

［95］WANG L,PERCIVAL J B,HEDENQUIST J W,et al,2021. Alteration mineralogy of the Zhengguang epithermal Au-Zn deposit, Northeast China:interpretation of shortwave infrared analyses during mineral exploration and assessment[J]. Economic Geology,116(2):389-406.

［96］WANG L,CAO M J,GAO S,et al,2024. The magmatic origin of propylitic alteration of the Zhengguang epithermal Au-Zn deposit, Heilongjiang, China: evidence from mineral compositions and H – O-Sr isotopes[J]. Mineralium Deposita:10-22.

[97] ZENG Q D, LIU J M, CHU S X, et al, 2014. Re-Os and U-Pb geochronology of the Duobaoshan porphyry Cu-Mo-(Au) deposit, Northeast China, and its geological significance[J]. Journal of Asian Earth Sciences, 79:895-909.

[98] ZHAI D G, LIU J J, 2014. Gold-telluride-sulfide association in the Sandaowanzi epithermal Au-Ag-Te deposit, NE China: implications for phase equilibrium and physicochemical conditions[J]. Mineralogy and Petrology, 108(6):853-871.

[99] ZHAI D G, LIU J J, RIPLEY E, et al, 2015. Geochronological and He-Ar-S isotopic constraints on the origin of the Sandaowanzi gold-telluride deposit, northeastern China[J]. Lithos, 212:338-352.

[100] ZHAI D G, WILLIAMS-JONES A E, LIU J J, et al, 2018. Mineralogical, fluid inclusion, and multiple isotope (H-O-S-Pb) constraints on the genesis of the sandaowanzi epithermal Au-Ag-Te deposit, NE China[J]. Economic Geology, 113 (6):1359-1382.

[101] ZHAO C, QIN K Z, SONG G X, et al, 2018. Petrogenesis and tectonic setting of ore-related porphyry in the Duobaoshan Cu deposit within the eastern Central Asian Orogenic Belt, Heilongjiang Province, NE China [J]. Journal of Asian Earth Sciences, 165:352-370.

[102] ZHAO C, QIN K Z, SONG G X, et al, 2019. Early Palaeozoic high-Mg basalt-andesite suite in the Duobaoshan Porphyry Cu deposit, NE China: constraints on petrogenesis, mineralization, and tectonic setting [J]. Gondwana Research, 71: 91-116.

[103] ZHAO Z H, SUN J G, LI G H, et al, 2019. Age of the Yongxin Au deposit in the Lesser Xing'an Range: implications for an Early Cretaceous geodynamic setting for gold mineralization in NE China[J]. Geological Journal, 54(4):2525-2544.

[104] ZHAO Z H, SUN J G, LI G H, et al, 2019. Early Cretaceous gold mineralization in the Lesser Xing'an Range of NE China: the Yongxin example[J]. International Geology Review, 61(12):1522-1549.

[105] ZHAO Z H, SUN J G, LI G H, et al, 2020. Zircon U-Pb geochronology and Sr-Nd-Pb-Hf isotopic constraints on the timing and origin of the Early Cretaceous igneous rocks in the Yongxin gold deposit in the Lesser Xing'an Range, NE China[J]. Geological Journal, 55(4):2684-2703.